Sesiones Clínicas de Psicología Clínica

María Martínez
Mercedes De Juan
Angeles Enríquez
Yolanda De Juan

ISBN: 978-1-4710-3140-3
Empresas Lulu, Inc.
http://www.lulu.com

INDICE

Las Sesiones Clínicas, una actividad docente y
de trabajo en equipo. 7

Abordaje Psicoterapéutico de la Lesión Medular 15

Recuperarse de los Traumas. 31

A propósito de un caso de Celotipia. 53

Conciencia de Enfermedad. 75

Esquizofrenia Resistente. 87

Análisis de la Demanda en Psicología Clínica
Infanto-Juvenil. 105

Caso Clínico. El Trastorno Obsesivo-Compulsivo
en niños/adolescentes. 121

Sobre la Identidad de Género. 143

Intervención Psicológica en los Trastornos por
Déficit de Atención e Hiperactividad
Infanto-Juvenil 169

Ante la sospecha de Abuso Sexual Infantil
(y sus huellas) 185

Las Sesiones Clínicas, una actividad docente y de trabajo en equipo.

Cabe conceptualizar la Sesión Clínica como una reunión de profesionales sanitarios en la que se comparten experiencias y conocimientos acerca de la práctica asistencial con el fin de generar vías de mejora para el caso clínico o actividad planteada a través de las aportaciones de los asistentes.

Por ello, en una gran mayoría de servicios sanitarios, es una práctica formativa habitual de todos los integrantes (en particular, los residentes que se encuentran en proceso de especialización), que se realiza generalmente con una frecuencia semanal, y que persigue

. Contribuir a la formación continuada de los profesionales de los equipos terapéuticos.
. Actividad formativa nuclear en los programas de formación de residentes de especialidades sanitarias.
. Facilitar un tiempo de reflexión conjunta de los equipos y dispositivos acerca de la manera de entender y atender los casos.
. Contraste y apoyo en la toma de decisiones.
. Consensuar estrategias, procedimientos, protocolos de actuación.
. Mejora de la calidad de las prestaciones y del uso de recursos.
. Incentivar la crítica, la autocrítica, las iniciativas novedosas y nuevos desarrollos.
. En ocasiones, facilita la coordinación, la comunicación y el intercambio entre servicios y niveles asistenciales, sociosanitarios o sociales.

Las Sesiones Clínicas no son las únicas actividades formativas y docentes de carácter grupal que se realizan en centros sanitarios. También cabe recurrir a otros tipos de reuniones como Sesiones Clínico-Epidemiológicas, Sesiones Bibliográficas, Sesiones sobre Intervención Sanitaria Basada en la Evidencia, sobre Guías de Práctica Clínica, Evaluación de la Calidad Asistencial, etc. Su especificidad es que se centran en situaciones de la práctica clínica.

La preparación es una tarea imprescindible. Implica reflexionar acerca de los intereses de los participantes, los objetivos a perseguir y la metodología a seguir (guión, mapa de actividades, organización del tiempo). Es importante considerar los medios materiales de que se dispone (posibilidad de presentaciones en power point, vídeos, informes, pizarra, disposición y características de la sala...) para adecuar de la mejor manera el tiempo de presentación y de discusión.

Se describen como habilidades y requisitos para preparar una Sesión Clínica de calidad

Tener presentes los conocimientos sobre el tema a tratar
Realizar búsquedas bibliográficas actualizadas
Lectura crítica de las mismas
Seguir criterios de rigor científico
Saber realizar una presentación
Cualidades para la presentación y discusión grupal

Cabe considerar distintos tipos de Sesión Clínica (Castro y cols, 2007). Entre otros y en función del foco de interés:

Caso Clínico típico
Series de Casos Clínicos
Encrucijada clínica
Diagnóstico diferencial
Terapéutica
Pertinencia de la discusión entre distintos estamentos o diferentes enfoques terapéuticos
Programas de intervención
Evolución clínica
Resolución del caso
Coordinación entre servicios o especialidades

La elección del caso o del tema clínico requiere de por sí un momento de reflexión respecto a la práctica cotidiana de trabajo. Una toma de perspectiva para seleccionar una situación clínica, una técnica de tratamiento o una metodología de trabajo que por su singularidad, novedad o particularidad diagnóstica, terapéutica, asistencial, administrativa, legal..., pueda ser de su interés y de interés para la demás asistentes.

La decisión corresponde al profesional o al equipo que presenta la sesión, por tanto la opción elegida responderá en primer lugar a su interés por recabar las opiniones de otros compañeros de cara a la orientación del caso, la metodología de trabajo, la toma de decisiones, la/s intervenciones realizadas, la evolución... o bien, puede perseguir el compartir una actualización de conocimientos, dar a conocer un programa de intervención, la praxis realizada, el trabajo de equipo, etc, buscando la aportación crítica de los demás.

El caso se extrae de entre los atendidos por el profesional-equipo ponente aunque el proceso no esté cerrado o concluido. Implica un o unos problemas significativos que pueden expresarse en términos de pregunta/s clínica/s o asistencial/es, que son de interés para los participantes lo que favorecerá la discusión, la reflexión y el aprendizaje.

Como criterios para la selección, Garizu y Azpilicueta (2012) proponen los siguientes

Dificultades encontradas en el abordaje de un caso, un tipo de patología o cualquier otro supuesto.
Elevada frecuencia de demanda
Detección de un aumento significativo de determinada patología
Ayuda en la toma de decisiones
Problemas en el diagnóstico diferencial o en la elección de tratamiento
Dificultades en la relación terapéutica
Pertinencia de la discusión entre distintos estamentos o diferentes enfoques terapéuticos
Errores que sirven para la reflexión y el aprendizaje
Problemas ético-legales
Necesidad o adecuación de la coordinación

La búsqueda bibliográfica puede realizarse con el apoyo de las bases de datos bibliográficas, revisiones sistemáticas, guías de práctica clínica o textos o líneas de investigación-acción reconocidas. Su lectura crítica implica detenerse a analizar la validez de los estudios, los niveles de evidencia y la relevancia de las aportaciones.

Las diapositivas han de ser diseñadas como un apoyo expositivo que facilite la tarea del ponente y la audiencia. Por tanto, conviene cuidar la facilidad de lectura y aprovechar los recursos comunicacionales que proporciona. Explicarla, más que leerla, favorece la atención, la comprensión y la reflexión y comunicación entre los participantes. Para ello, Castro y cols (2007) recomiendan considerar una serie de criterios.

Mayúsculas en los títulos y minúsculas en los textos
Evitar las letras finas o de pequeño tamaño
7 x 7: Siete líneas por diapositiva y siete palabras por línea
Mantener el fondo uniforme
Utilizar el color para favorecer la atención y la comprensión
Sintetizar las ideas y seleccionar la información
Cuidar la ortografía y la puntuación

Y a la hora de proyectarlas, recordar mantenerlas el tiempo suficiente como para facilitar su lectura y comprensión.

La estructura clásica y consensuada de las Sesiones Clínicas de caso es como sigue (Gabirzu y Azpilicueta, 2012).

Estructura de las Sesiones Clínicas	
Introducción	. Título . Presentación del/los ponentes . Objetivos que persigue la Sesión . Focos de interés formativo y Expectativas . Esquema-guión . Generar un clima de interés y participación
Presentación del Caso	Ordenada, consistente, amena. . Datos de identificación del caso (respetando la confidencialidad) . Motivo de Consulta . Acceso a la consulta: derivante, demandante, motivaciones, ambivalencias, expectativas, consultas previas . Historia de la enfermedad actual y tratamientos previos y actuales . Antecedentes psicopatológicos personales y familiares . Historia personal y vincular . Exploración psicopatológica . Evaluación psicológica . Pruebas complementarias
Formulación Clínica y Discusión Diagnóstica	. Estadio evolutivo . Funcionamiento psicológico, relacional y adaptativo . Funcionamiento familiar y de los contextos significativos . Transferencia y contratransferencia . Inferencias psicopatológicas . Inferencias etiológicas . Formulación pronóstica
Tratamiento	. Objetivos terapéuticos . Tipo/s de intervención/es terapéutica/s . Teoría de la técnica . Evolución del tratamiento y de la persona
Resultados	. Análisis y valoración de los resultados . Estado sintomático, adaptación a la realidad, expectativas y logros personales y relacionales, cambios comportamentales . Seguimiento postalta
Recapitulación y Debate	. Focos de interés y preguntas abiertas al diálogo

Aunque la estructura de las Sesiones Clínicas está clásicamente definida, se agradece el compromiso, el exponerse al juicio, el poner de manifiesto y llamar la atención sobre cuestiones que afectan a la praxis, la incorporación de aspectos innovadores, el dinamismo y la creatividad de los ponentes, la actitud flexible y abierta a propuestas, etc. Todos ellos son valores sobreañadidos que favorecen la eficacia de las reuniones.

También, el cuidar la exposición. Para ello, conviene tener presente que se habla de la diapositiva, no a la diapositiva. Dirigirse a los compañeros con serenidad, dominio y seguridad en relación al tema, con habla bien articulada, voz fuerte y clara para ser oído por toda la sala, tono y ritmo cambiante, pausado y ágil. Lenguaje verbal directo, sencillo, variado y lenguaje corporal congruente, evitando ocultar las manos, cruzar los brazos, tocarse la nariz o el pelo, los movimientos excesivamente rápidos, repetitivos, Hablar de cara a la audiencia, con mirada dinámica, no fija en un punto.

Un objetivo claro a perseguir durante la exposición es conseguir la atención de los compañeros y la comprensión de los planteamientos. Para ello cabe también recurrir a ejemplos, al uso medido del humor, a temas de actualidad, permitir interrupciones, preguntas, proponer problemas, y cualquier otro recurso que favorezca el dinamismo y la participación.

Presentamos aquí, una selección de Sesiones Clínicas elaboradas por las autoras a modo de ejemplo tanto por lo que respecta a diferentes ámbitos de intervención de la Psicología Clínica como a modos diversos de exposición y temáticas abordables. Todas ellas han sido presentadas bien individualmente o como integrantes de equipos terapéuticos. El orden que acordamos refleja la amplia gama de contextos de aplicación, desde patologías físicas a problemáticas sociales pasando por trastornos mentales propiamente.

Un aspecto clave es la práctica ética y el compromiso de confidencialidad que comparten todos los asistentes y que aquí aseguramos retirando aquellos datos que permitieran una identificación.

Bibliografía

Garbizu, G. y Azpilicueta, C.: Sesiones Clínicas. En Asociación Española de Neuropsiquiatría: Manual del Residente de Psicología Clínica. AEN, 2012

Castro, M., Martínez, F., Lago, F.J., Modroño, M.J., Ramil, L., Ferreiro, L. y Núñez, A.: Portafolio (VI): Presentación de un caso clínico en Atención Primaria. Cad. Aten. Primaria. 2007. Vol 14. 180-183.

Servicio Andaluz de Salud: Cómo preparar y dirigir una sesión clínica de cuidados. Escuela Andaluza de Salud Pública. Presentación powerpoint.

Guía Salud: Otros Productos Basados en la Evidencia. Tipología. Sesiones Clínicas. http://portal.guiasalud.es/web/guest/sesiones-clinicas

Villas, E., Mabry, S., Calvo, D. y Campos, R.: Sesión Clínica. En Manual del Residente de Psiquiatría. ENE Life Publicidad S.A. y Ediciones, 2009

Buela-Casal, G. y Sierra, J.C.: Normas para la redacción de casos clínicos. Revista Internacional de Psicología Clínica y de la Salud. 2002; 2 (3): 525-532

ABORDAJE PSICOTERAPÉUTICO DE LA LESIÓN MEDULAR

CONTEXTO: SERVICIO DE PSICOSOMÁTICA Y PSIQUIATRÍA DE ENLACE DE HOSPITAL GENERAL

- Consta de 1345 camas, distribuidas en un Hospital General, un Hospital Materno-Infantil y un Hospital de Traumatología.

- EQUIPO ASISTENCIAL → 2 Psiquiatras + 1 Psicóloga Clínica a tiempo parcial (adultos).

- Últimas 2 décadas: Importante crecimiento de la PSQ de interconsulta y enlace
  - Incremento de la demanda psiquiátrica en general.
  - "Nuevas demandas en ámbito hospitalario": comunicación malas noticias, impacto crisis y catástrofes (personales y familiares), vinculado en gran medida a la medicalización de los tránsitos vitales.
  - Elevada prevalencia de patología psíquica en personas ingresadas en áreas no psiquiátricas
  - Hospitalización en sí misma como experiencia generadora de estrés

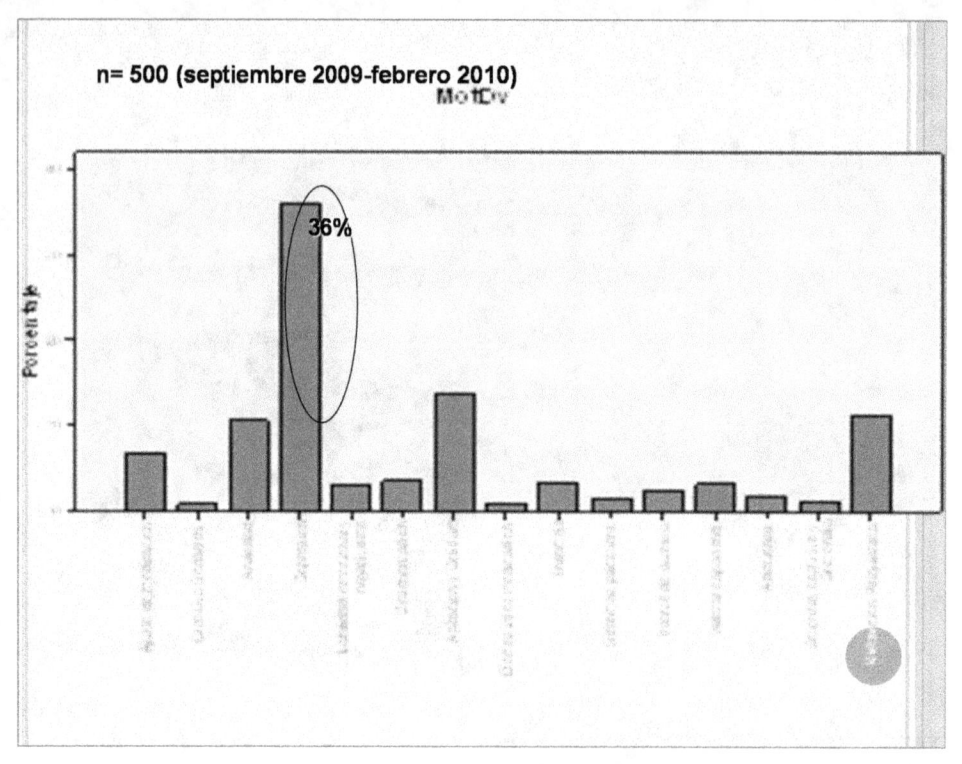

n= 500 (septiembre 2009-febrero 2010)
MotDv

36%

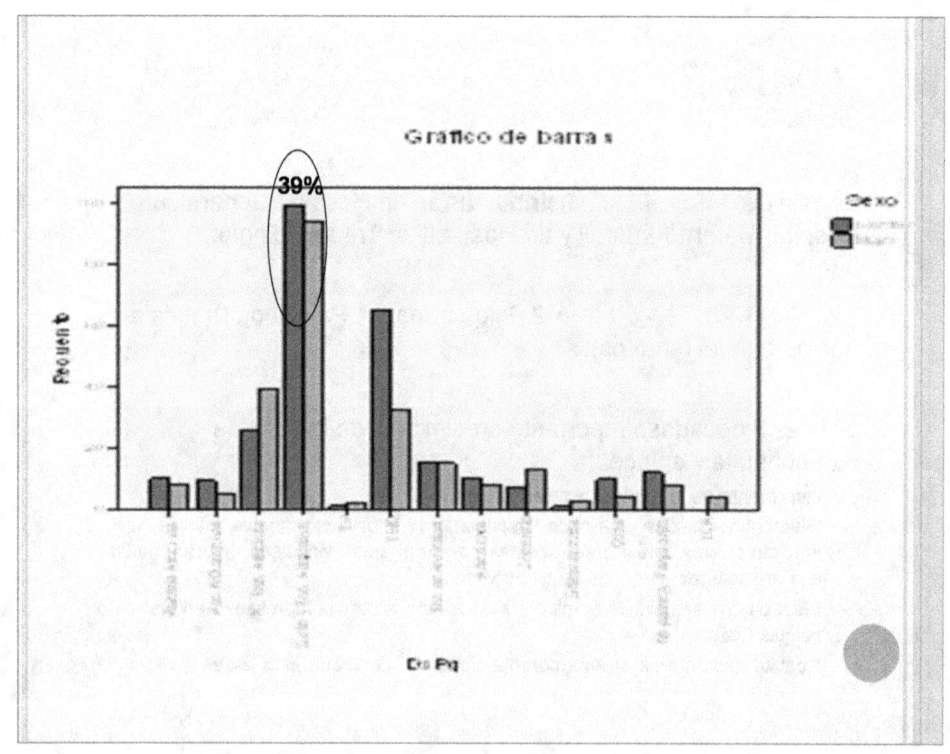

Gráfico de barras

39%

- Motivo de consulta predominante → DEPRESIÓN (36%), de los cuales el 62% de los casos son diagnosticados por nuestro Servicio como Trastorno Adaptativo.

- El Tratamiento propuesto con mayor frecuencia es Antidepresivos (47%) siendo significativamente mayor en mujeres.

- El 17% NO precisó ningún Tratamiento Farmacológico

- El 58% de los pacientes atendidos NO tenían antecedentes psicopatológicos

- **CONCLUSIÓN:**
  - **Un % elevado de las Interconsultas se corresponden con Intervención en Crisis**
  - **Atendemos muchas personas normales en situaciones anormales**

19

- Varón de 26 años, con relación de pareja estable con la que convive desde hace 3 años y padre de un hijo de 6 meses.

- Accede a Urgencias (20 abril) en el helicóptero del 061 por accidente laboral
- Consciente y orientado (Glasgow 15)

- Valoración por Neurocirugía: *"paciente politraumatizado, clínicamente paraplejia completa nivel sensitivo D4, ASIA A. Recomendamos ingreso en UCI para estabilización y valoración de cirugía diferida para estabilización de fracturas vertebrales"*

- ID:
  - Politraumatizado
  - Fractura vertebral con afectación medular

- 23-04 → Hoja de consulta a Sº Psicosomática: *"varón de 26 años que sufrió accidente laboral, múltiples fracturas vertebrales, sección completa D4-D5. Paraplejia. Muy deprimido, solicito valoración para inicio de posible tratamiento psiquiátrico"*

En la UCI de Traumatología (cronología)

- Ingresa en UCI el 20 de abril
- TAC craneal: Normal
- TAC Torácico-abdominal: Neumotórax bilateral de predominio derecho, foco consolidativo apical izquierdo sugestivo de contusión; enfisema subcutáneo
- ESQUELETO AXIAL: Fracturas costales múltiples derechas (3,4,5,7,8,10,11) e izquierdas (3,4,5,9,10,11)

- Primeros días muy ansioso, *"a ratos incluso agitación peligrosa que requiere sedación intravenosa"*
- 3/05 → Fijación de fracturas cervicales con dificultad para destete de ventilación y traqueostomía precoz (24 horas) para manejo
- 18/05 → Se interviene para fijación artrodesis de fracturas dorsales. Estable en posoperatorio, desconexión rápida de respirador
- 21/05 → Se decide alta a planta de Neurocirugía en espera de cama en ULME → UCI
- 24/05 → ULME

Su historia previa…

- Dinámica familiar: El menor de una fratría de 4 hermanos (etnia gitana). Muy vinculado a su madre, lazos familiares muy estrechos entre los miembros (familia extensa y aglutinada)

- *"Siempre he sido la oveja negra de la familia, un desastre en los estudios (no termina los primarios), por eso mi madre se ha volcado tanto conmigo…"*

- Antecedentes Personales: Problemas de descontrol de impulsos (peleas,…) y toxicomanía desde los 15 años (rehabilitado desde hace 3 y coincidiendo con inicio de relación de pareja, no recaídas)

Su historia previa…

- Tratamientos previos: muy buena vinculación con Psicólogo Asociación Drogodependencias (8 años)
  - ¿Qué te sirvió?: *"al principio no quería hablar con él porque yo siempre he sido de callarme todo, pero poco a poco, él siempre estaba disponible y el ir hablando me hizo como expulsar cosas y me sentía muy escuchado, me ayudó el hablar y que siempre estuviera allí"*

- Su día a día: *"trabajar sin parar, 12 o 14 horas, estar con mi hijo, pareja y familia…"*

- Motivación para recuperarse: *"sobre todo mi hijo, no quiero perderme el verlo crecer, mi pareja y mi familia"* (foto de su hijo)

EL CONTEXTO DE LA UCI

o Estresores ambientales

- **Deprivación sensorial**: disminución de la cualidad o cantidad de estimulación
- **Ruido excesivo**
- **Aislamiento físico y social**
- **Restricciones de movimiento**
- **Dolor** → lo que más preocupa a los pacientes (Hewitt,2002)
- **Barreras para la comunicación** → derivadas de las técnicas de ventilación
- **Sueño alterado**→ (ruido, dolor, postura, tubos, preocupación...)

o Principales estresores para los pacientes (Noaves et al,1997)

- *"Tener dolor, incapacidad para dormir, tener tubos en nariz o boca y sentimiento de no tener control sobre uno mismo"*

o Principales necesidades (Hupcey, 2000)

- *"Sentirse seguros y saber qué está pasando"*

INTERVENCIÓN EN FASE AGUDA (UCI)

- EQUIPO ASISTENCIAL
  - o Facilitar el enlace comunicacional con el equipo asistencial y la familia.
  - o Importancia de la **CONSISTENCIA** en la información → confianza y seguridad.
- FAMILIA
  - o Facilitarles un espacio para descargar angustias y ventilación emocional (catarsis).
  - o Soporte psicológico en el proceso de elaboración del duelo.
  - o Validarles en su rol de "elemento terapéutico esencial", reforzando lo que están haciendo bien.
  - o Asesorarles sobre manejo de aspectos comunicacionales.
- PACIENTE
  - o Alivio dolor y mejora de la calidad de sueño→ psicofarmacología
  - o Promoción de atmósfera de descanso → menos luces, ruidos, interrupciones
  - o Adecuada información del proceso por parte del equipo.

INTERVENCIÓN PSICOTERAPÉUTICA

- **ESTABLECER UNA BUENA ALIANZA TERAPÉUTICA** (escuchar, validar, no juzgar, desculpabilizar…)

- Crear una atmósfera apacible: a través de una presencia atenta y respetuosa pero **sin infantilizar, ni trasmitir lástima o pena, no victimizar**

- **Dar referencias temporales y espaciales** (riesgo elevado de desorientación y episodios confusionales)

- **Asegurar disponibilidad** → visitas cortas pero frecuentes, sin invadir pero estando presentes y accesibles cuando lo requieran

- **Conocer al paciente** → gustos, aficiones, explorar roles significativos, intereses, valores, recursos, experiencias psicoterapéuticas previas…

- Estimular el relato del suceso traumático pero sin forzar → a medida que él quiera ir hablando **(coherencia argumental, normalizar reacciones, emociones…)**

- El acompañamiento del enfermo ha de tener la palabra justa y el silencio largo

¿POR QUÉ MEJORAN LOS PACIENTES?

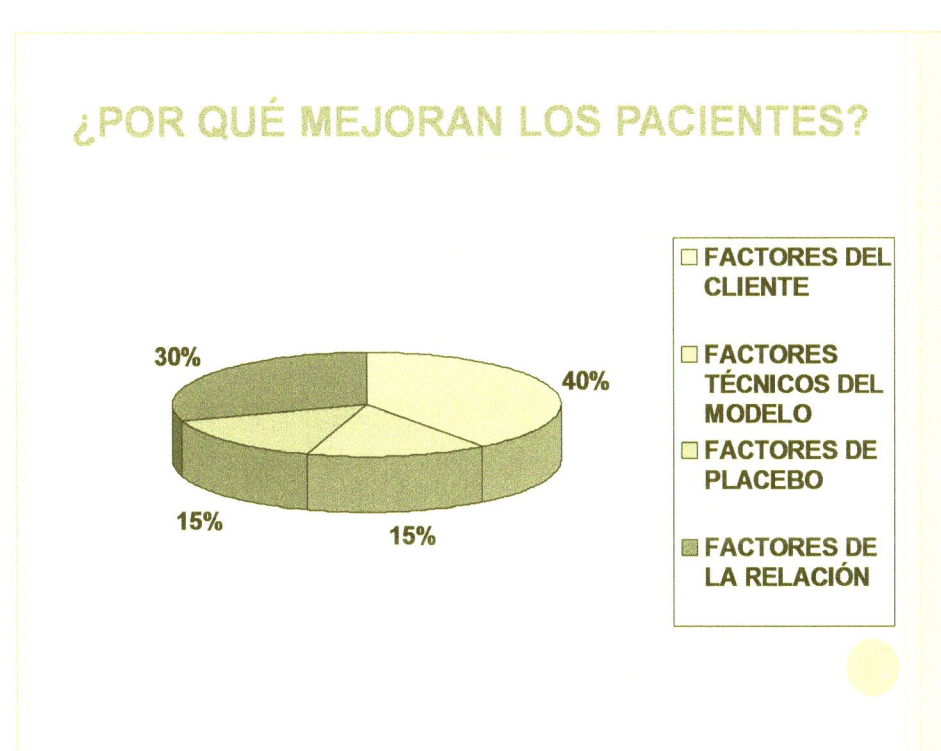

- ☐ **FACTORES DEL CLIENTE**
- ☐ **FACTORES TÉCNICOS DEL MODELO**
- ☐ **FACTORES DE PLACEBO**
- ▨ **FACTORES DE LA RELACIÓN**

- Mayor importancia de los factores relacionales (empatía, calidez, aceptación...) que del enfoque teórico específico.

- El mejor predictor de mejoría es la percepción que tiene el paciente de la relación terapéutica (y no la percepción que tiene el terapeuta).

- Según el paciente, los factores más importantes de éxito son: la calidez, la ayuda, el interés, la implicación emocional y los esfuerzos por explorar el material relevante para él.

- Acomodar el proceso terapéutico a las expectativas del paciente

- **PACIENTE: VERDADERO PROTAGONISTA DEL CAMBIO (40%)**

- **Implica:**

  - Hacer sitio a los recursos e ideas del paciente
  - Proporcionar las condiciones necesarias para el cambio
  - Responder con flexibilidad
  - Hacer que el proceso terapéutico se ajuste a las ideas del paciente acerca de lo que le puede ayudar
  - Identificar al paciente como la parte más importante del proceso de cambio

EL PASO A LA UNIDAD DE LESIONADOS MEDULARES (ULME): la transición a la cronicidad

UNIDAD DE LESIONADOS MEDULARES (ULME)

○ Atiende a pacientes con LM en hospitalización y de forma ambulatoria, además de la interconsulta.

○ También se tratan las secuelas derivadas de la LM, las complicaciones que puedan aparecer y hay un seguimiento de los pacientes desde que son dados de alta, tras la fase aguda, para el cuidado y prevención de complicaciones.

○ Datos descriptivos:
  • 20 camas
  • estancia media → 5 meses y medio

○ Unidad de referencia interprovincial

○ Objetivos del Tratamiento:
  • Asistencia integral adecuada a la lesión y situación clínica de cada paciente
  • Fomentar la máxima independencia del paciente

OBJETIVOS DEL TRATAMIENTO

Asistencia integral adecuada a la lesión y situación clínica de cada paciente:

- "Educación" al paciente y familia
- Reeducación motora y sensitiva
- Reeducación de la vejiga neurógena para conseguir el mejor control del esfínter vesical y el vaciamiento completo
- Reeducación intestinal para lograr la mejor continencia y una evacuación con periodicidad no superior a 72 horas
- Tratamiento ortopédico de la fractura vertebral o de los cuidados post-operatorios si ha precisado IQ
- Tratamiento postural para evitar complicaciones de piel, osteoarticulares, vasculares, respiratorias, digestivas, etc..
- Consulta específica para orientar sobre los trastornos del área genito-sexual
- Orientación sobre ayudas técnicas y adaptaciones en domicilio
- Se prescriben y adaptan ortesis, sillas de ruedas y otras ayudas
- *"Manual de autocuidados del LM"* al alta

Fomentar la máxima independencia del paciente

INGRESOS: etiología fase aguda

TRAUMÁTICA	MÉDICA
Tráfico	Malformación congénita
Trabajo	Enfermedad desmielinizante
Deportivo	Patología infecciosa-parasitaria
Casual	Patología vascular
Autolisis	Patología tumoral
Armas: fuego, blanca…	Hernia discal
Yatrogénica: cirugía, movilización intempestiva	Yatrogenia
Por inmersión	

IMPACTO EMOCIONAL DE LA LM

Similitud con los procesos de duelo.

Cada individuo afectado por una pérdida tiene su propia percepción exclusiva de la situación y de sus posibles resultados.

La LM agrede a la identidad personal. Hay facetas del yo soy que dejan de ser relevantes e inicialmente se crea un vacío de identidad.

Sentimientos de inseguridad, baja autoestima, temor a que la discapacidad le merme como persona, culpa relacionada con ser una carga, sensación de que ya nada puede ofrecer a los otros, ansiedad sobre el futuro, temor a perder el control sobre sus vidas, miedo al abandono.

En la práctica no se observa que los pacientes pasen por unas etapas de adaptación emocional nítidas, precisas y progresivas (Krueger, 1988)

Todo el bagaje previo que la persona ha ido acumulando a lo largo de su vida actúa, para bien o para mal, como modulador del resultado final del tratamiento de Rehabilitación

VARIABLES QUE INFLUYEN EN EL IMPACTO EMOCIONAL (Castelnuovo-Tedesco, 1981)

- Momento en el que se adquirió la lesión (ciclo vital)
- Etiología de la lesión
- Efectos sobre la salud en general
- Alcance de la lesión
- Permanente/temporal/degenerativa
- Previsible/imprevisible
- Pérdida de partes del cuerpo
- Personalidad previa. Antecedentes personales
- Entorno familiar y social

EVOLUCIÓN EN PLANTA

○ La llegada → "ansiedad de traslado", elevada angustia y agitación (tto farmacológico/ acompañamiento y contención emocional)
○ Fase de encamamiento → empeoramiento anímico
○ Inicio de la Rehabilitación → clara mejoría anímica
  • Motivación para alcanzar una mejoría funcional → control, independencia y autoconfianza
○ Complicaciones médicas y posterior estabilización (picos frebriles, dolor, quiste cervical,…)
  • Empeoramiento anímico en función de la situación médica
  • Mejoría al retomar el proyecto Rehabilitador
  • "El poder del síntoma y la alteración de la dinámica familiar"
○ Comienzan las salidas de fin de semana
  • Ambivalencia afectiva y oscilaciones anímicas

Colaborar con el resto del equipo en la panificación del programa de RHB con objetivos realistas y operativos según las características de cada paciente

EL PROCESO PSICOTERAPÉUTICO

○ Reforzar el esfuerzo y los logros → LOC interno
○ Fomentar la autonomía → trabajo individual vs familiar (prevenir dinámicas de sobreimplicación y "tiranía" a través del síntoma; aproximaciones sucesivas)
○ Retomar proyecto vital → vida familiar, social, laboral, ocio…
○ Preparación para inicio de salidas y planificación al alta → planificar estrategias para momentos de malestar, aumentar actividades gratificantes, validar y normalizar ambivalencia afectiva,..
○ Intervención de pareja → habilidades de comunicación, generar acuerdos, límites familiares, abordar el tema sexualidad, desculpabilizar…

○ Reelaboración de historia psicobiográfica
  • Integración de la experiencia traumática (huir de la victimización)
  • Rescatar roles significativos y aspectos de resiliencia
  • Conexión de su situación actual con la "línea argumental" de su vida y trabajar preventivamente

Los profesionales sanitarios no debemos contentarnos con la simple expresión de emociones:

○ La tristeza debe ir acompañada de la conciencia de lo que se ha perdido.

○ El enfado ha de dirigirse de manera apropiada y eficaz.

○ Ha de evaluarse y resolverse la culpa.

○ Ha de identificarse y mejorar la ansiedad.

"Quién tiene un porqué para vivir, encontrará casi siempre un cómo"

Friedrich Nietzsche

Recuperarse de los Traumas.

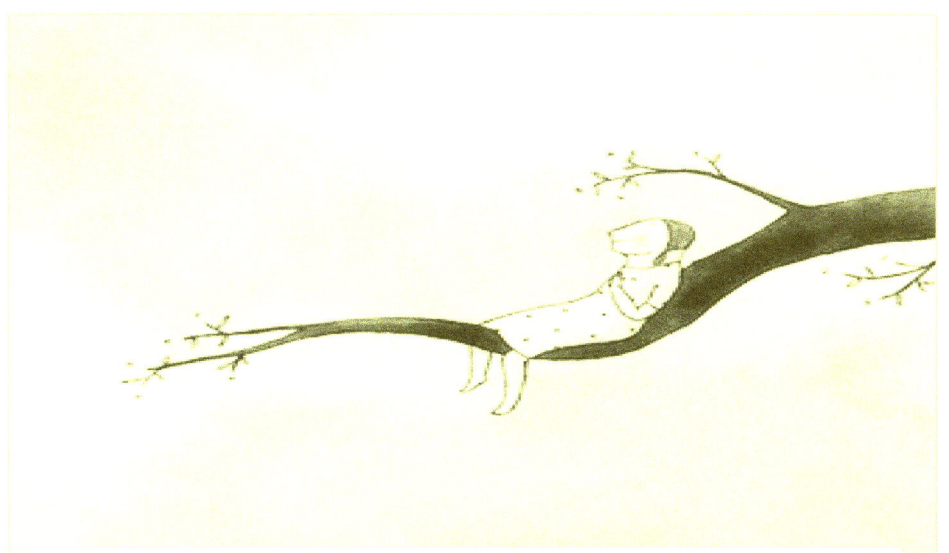

RECUPERARSE DE LOS TRAUMAS

MOTIVO DE INGRESO

- Mujer de 29 años, que el día 18-02 acude a Urgencias tras sufrir una agresión por parte de su pareja con TCE grave → alta
- Posteriormente es traída por el 061 con Glasgow de 5 y anisocoria por midriasis derecha.
- TAC: hematoma subdural agudo hemisférico drcho con gran efecto de masa

- Intervenida de urgencia → craniectomía descompresiva hemisférica derecha y evacuación del hematoma subdural
- 9/03: reposición del colgajo óseo → hematoma subcutáneo postquirúrgico
- A las horas: hematoma epidural dcho que requirió ser evacuado
- 16/03: pasa a planta (tratamiento fisioterapéutico) hasta que es dada de alta el 20/05 (domicilio familiar)

GENOGRAMA

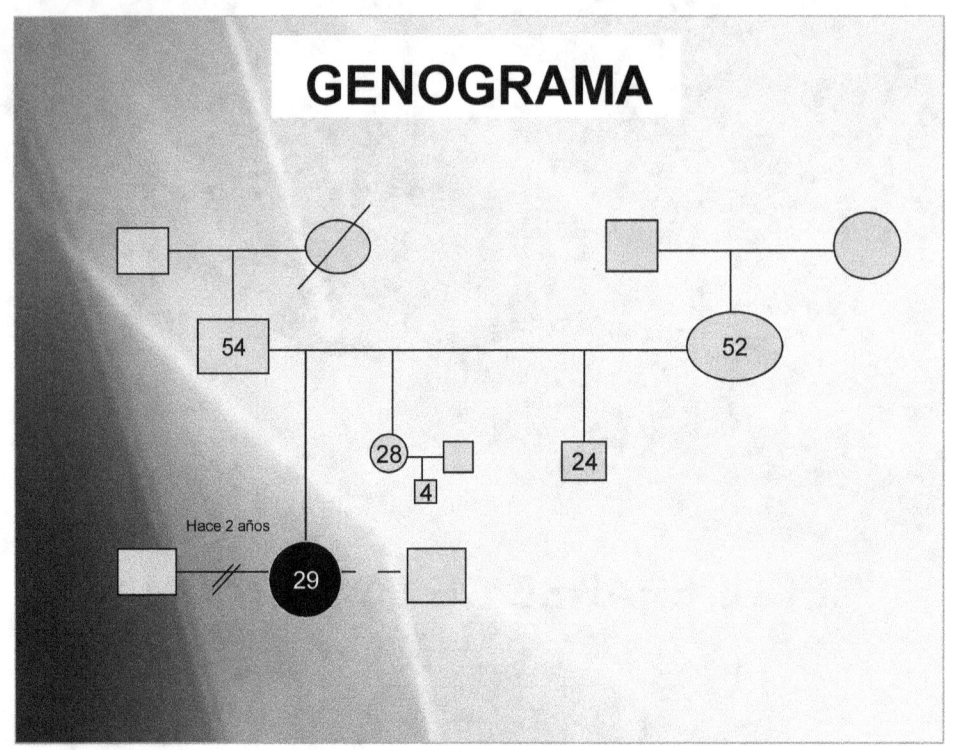

MOTIVO DE CONSULTA

- Al pasar a planta y estabilizarse desde el punto de vista médico (finales de marzo)

- Se solicita Interconsulta al Servicio de Psicosomática para *"valoración de su estado emocional y apoyo psicológico si procede"*

FASE DE HOSPITALIZACIÓN

(del 18 de febrero al 20 de mayo)

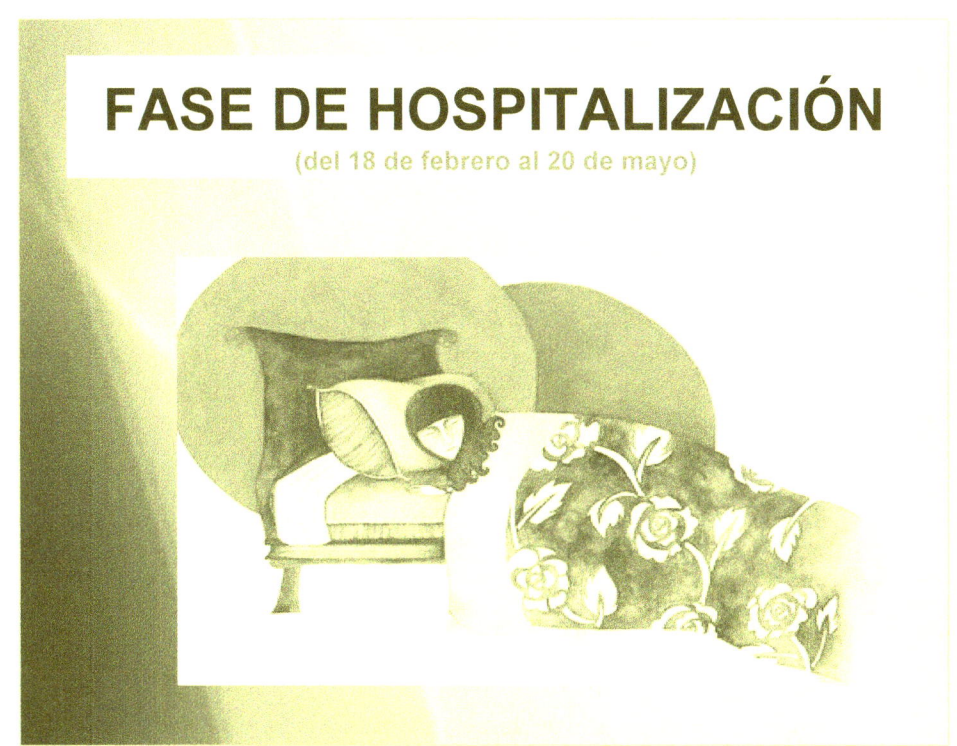

Primeras visitas...

- Psiquiatra y Psicóloga Clínica

- La paciente se encuentra en la cama (hipofonía, gran latencia de R, lenguaje poco fluído, extrema delgadez,...)

- Acepta ayuda por nuestra parte desde el principio

- Se pauta tratamiento psicofarmacológico

- Plan: acordamos apoyo psicológico. Se asegura disponibilidad

ANTECEDENTES PSICOPATOLÓGICOS

- FAMILIARES
  - *Sin interés*

- PERSONALES
  - TCE moderado a los 20 años tras accidente de tráfico
  - Posteriormente inicia cuadro de TCA tipo bulimia que requirió tto en la Unidad de Trastornos de la Conducta Alimentaria
  - "Ansiedad y mucha inestabilidad emocional de siempre"
  - Días previos a la agresión había solicitado consulta en su USM por encontrarse "triste"
  - Ex-consumidora de tóxicos (cocaína, pastillas, OH, fumadora 30 cigarros/día)
  - 3 gestos autolíticos en relación con desencadenantes afectivos

Psicobiografía...

- Embarazo y parto normal. La mayor de una fratría de 3 hermanos. *"Fue un bebé expresivo, sociable y sin problemas en el desarrollo, comenzó a hablar pronto, usaba frases muy elaboradas para su edad y se le entendía muy bien…era una niña despierta y muy nerviosa"*
- 10 a 13 años: interna en un colegio de monjas
- Adolescencia: *"Un poco rebelde, exigente, siempre daba mucho y esperaba lo mismo de los demás. Era muy extrema en sus juicios con las personas, o muy bien o cortaba por lo sano"*
- Buen rendimiento escolar, hacía amigos con facilidad
- Estudió hasta 8º EGB, FP, rama de peluquería y estética
- 19-22 años: Trabaja en peluquería hasta el accidente

- *Tras el accidente empezó a trabajar en el negocio familiar aunque iba cuando podía, ella siempre tenía su hueco allí"*

- *"Tenía muchos amigos hasta que empezó con la bulimia, después dependía mucho del círculo social de sus parejas... siempre ha estado muy preocupada por su aspecto, cuando terminaba una relación enseguida empezaba otra,..."*

- *"Sobre todo destacaba su inestabilidad emocional, repite el mismo patrón de parejas, creo que nunca ha estado enamorada y busca más parejas donde hay una atracción sexual, más que enamorarse es como si se fuera refugiando,..."*

- *Se casó a los 28 años (2 año de matrimonio y 2 años previos convivencia)*

- *"Le prohibimos que entrara más hombres a casa, se había separado hacía 3 meses y ya nos dijo que tenía otro novio... "*

- Los días previos a la agresión la madre refiere que la encontraba diferente: *"la encontré rara, como si no estuviera bien... me dijo que había pedido cita para SM, según una amiga suya ese día llevaba ya un moratón..."*

- *"Estamos centrados en ella, tenemos miedo a lo que viene ahora"* (antecedente previo)

- Relatan la agresión (impresiona relativa distancia)

- *"Cuando vino la policía B negaba que hubiera sido su pareja"*

- Creen que el desencadenante pudo ser una *"posible ruptura por celos"*

Relatos de los familiares

Entrevistas individuales

- Paulatina mejoría anímica y mayor tono vital. Mejora la expresión verbal, disminuye el tiempo de latencia de B y su hipofonía

- Persiste amnesia global (sitúa el último recuerdo en Navidades)

- Laguna mnésica (desde navidades hasta semana posterior a UCI)

- *"Estoy harta de que mis padres me traten como a una niña o como si fuera tonta"*

Entrevistas individuales

- Recibe la visita de una "amiga" y le contó información que no coincide con la que le han contado sus padres → DESCONCERTADA

- Verbaliza incertidumbre con respecto a la información contradictoria (validar y asegurar que le daré información a medida que la pida)

- *"Regular, ayer vino un policía a decirme que S estaba en libertad, flipé. Mi familia me contó que me había pegado, pero yo hablé con una amiga común que me dijo que no era verdad" "yo quiero ver el informe"* (le anticipamos la dureza del mismo)

- *"Estoy enfadada conmigo misma por haber permitido esto, como puede ser la gente tan cambiante"*

- Habla de él: *"Sabía escuchar, muy cariñoso, detallista. Cuando lo conocí estaba dejando una relación y él me hizo ver todo lo contrario. Él también salía de una relación. Tiene un bar de copas y yo fui a trabajar allí , al día siguiente me echó los trastos, yo no creo en los flechazos, empezamos a salir y al poco a vivir" "Ahora analizando me doy cuenta de que tenía detalles agresivos, se enfadaba con la gente, golpeaba objetos…"*

- Contenta con la perspectiva del alta (pactamos seguimiento)

- **Entrevistas familiares**
  - Contención y acompañamiento familiar
  - Asesoramiento respecto a manejo de situaciones complicadas (riesgo encamamiento, cómo dar información, exposición a autoimagen, …)

- **Entrevistas individuales**
  - Crear un contexto de seguridad y asegurar accesibilidad → alianza terapéutica
  - Facilitar elaboración del suceso traumático (espacio para exteriorizar emociones)
  - Facilitar información a medida que la pide

- **Seguimiento al alta**
  - Tratamiento Rehabilitador en Hospital
  - Rehabilitación Neuropsicológica en Asociación Afectados de TCE
  - Seguimiento PSQ y PSC desde Sº Psicosomática

Diagnóstico principal

- TCE grave. Hematoma subdural agudo

- Hematoma epidural. Déficit cognitivo secundario

- Trastorno adaptativo con síntomas ansioso-depresivos

- Amnesia postraumática

FASE AMBULATORIA
(desde mayo hasta final de año)

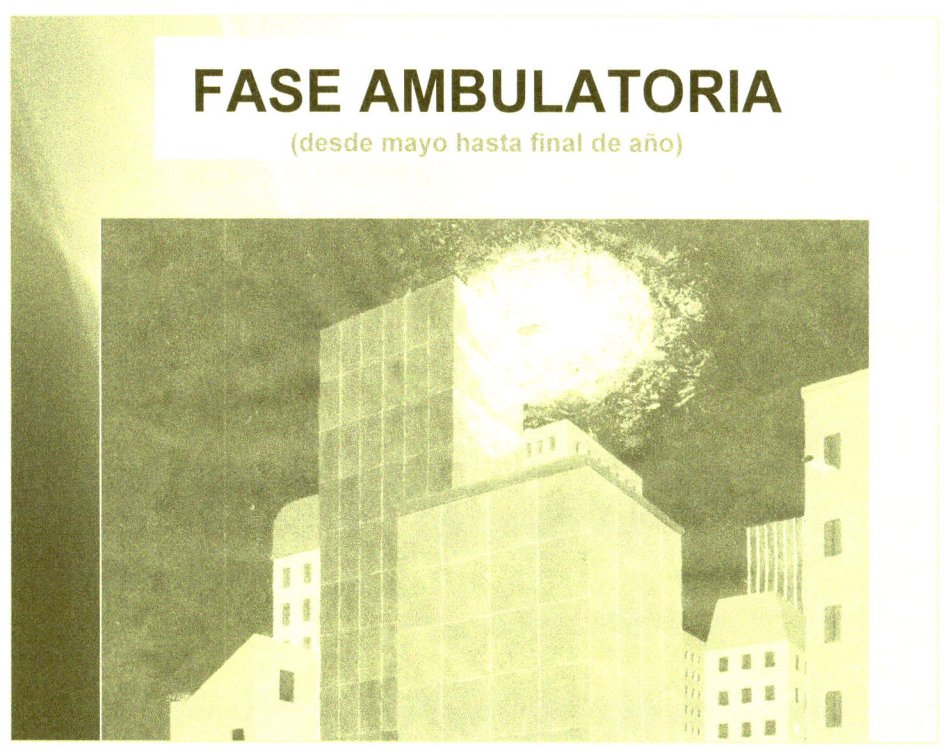

Mayo

- *"Bien, a ratos malos pero bien, cuando me pongo a pensar en lo que era y en lo que soy me deprimo, era totalmente independiente, demasiado porque iba a mi bola"*
- Un día normal: *"me levanto a las 10,30h, desayuno* (apetito conservado), *me ayudan a ducharme y a asearme, si tengo alguna consulta médica voy, sino a comer y me quedo en casa. Me acuesto sobre las 10,30"*
- Necesita ayuda en la mayoría de las ABVD
- Peso actual: 44,500kg (habitualmente 50Kg)
- Padre: reconoce logros pero informa de gran apatía. *"no le entretiene nada"*
- Pendiente de iniciar tratamientos rehabilitadores

Junio

- Muy angustiada, llora (empieza a haber mayor resonancia afectiva, mejora comunicación y expresividad)

- *"Me agobio de todo, pensando en lo que pasó, con mis padres. Tengo que situar a S en alguna parte, mala o buena, si le tengo que tener manía tiene que ser ya. No me sale tenerle manía. Tengo que leer los informes de los testigos, quiero saber la verdad, me han dicho que llegué todo marcada,…"*

- *"Necesito odiarlo, recolocarlo,…"* **Me pide leer el informe. Llora pero una vez leído se queda + tranquila. > serenidad**

- *"Lo tapaba muy bien, era simpático, agradable. No he debido de ser la única, se rumoreaba que había pegado a su ex, yo no les creí. Tenía sus más y sus menos"* (desculpabilizar)

- **Familia:** *"Quizá esta semana algo menos colaboradora, ha estado preguntando mucho y llorando. El chico no era ni la primera ni la segunda vez que lo hacía. Le expliqué que no es una casualidad. En comisaría nos dijeron que cumplía el perfil de los maltratadores y van a intentar que vuelva donde tiene que estar".*

- **Calidez, empatía y desculpabilización:** "ya le digo que tú no tienes la culpa"

- Muy buen aspecto, mejoría anímica. *"Me ha servido pensar en él como una persona que no vale la pena"*

- Mejora hipofonía, expresión y fluidez verbal. Mayor espontaneidad. Necesita menos ayuda para comer y para vestirse. Ya es capaz de ver películas (no de leer)

- Ansiedad: *"momentos en los que estoy como más nerviosa, esta semana cogí un orfidal de mi abuelo, mi madre se enteró y se puso...".* No pesadillas

- Test de valoración de autonomía (Asociación) → discrepancia criterios

- *"es que ellos (los padres) nunca me van a ver lista... Después de hablar con ellos, muy chafada, como si tuviera que depender de alguien para siempre"*

- Importancia de AUTONOMÍA → objetivo terapéutico (jerarquía ABVD)

EVALUACIÓN NEUROPSICOLÓGICA

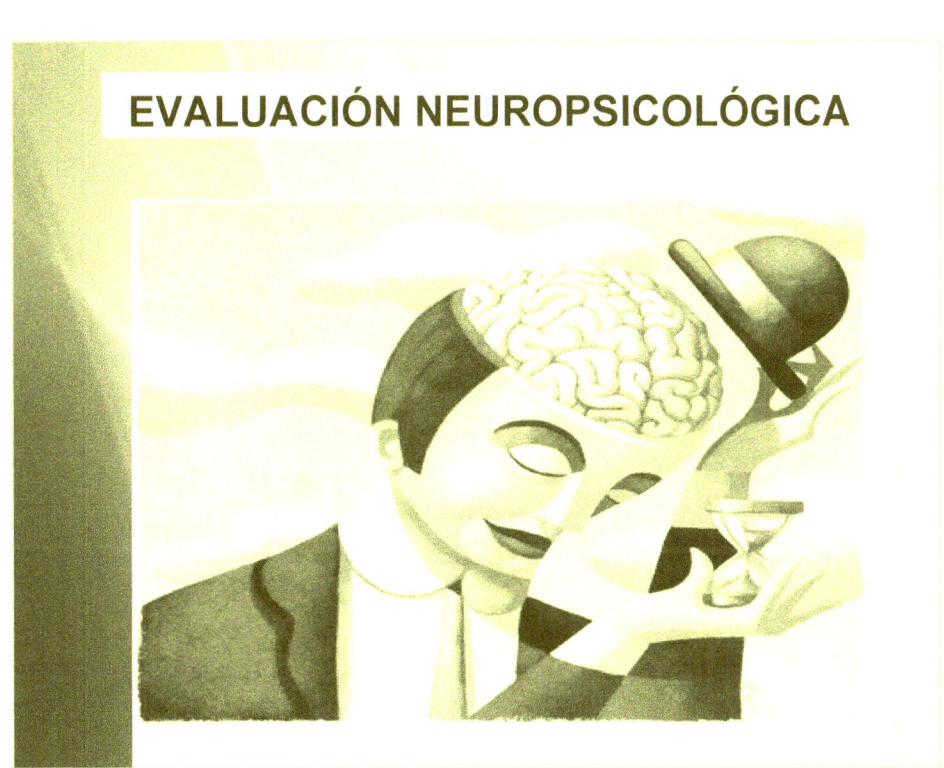

43

Consideraciones previas

- La evaluación se realizó en 3 sesiones de 1 hora y media cada una (3,10 y 15 de junio)

- Se observa mejoría desde la 1ª a la última sesión en: *nivel de alerta, fatigabilidad y velocidad de procesamiento, aumento iniciativa, reactividad emocional y nivel de conciencia del déficit*

- Colaboradora en todo momento. Muy fatigada, con bajo nivel de alerta y reactividad en momentos iniciales

- WAIS-III: CIV=103, CIM=58 (explicado por déficits previos)

- Orientación
  - Preservada la orientación personal; ligera desorientación temporal y espacial

- Atención
  - Afectación en todas las capacidades atencionales (sostenida, selectiva, dividida y alternante)

- Velocidad de Procesamiento
  - Marcado enlentecimiento en procesamiento de información y ejecución

- Cálculo
  - Obtiene baja puntuación en aritmética WAIS-III (en relación con enlentecimiento y dificultades parar manejar material complejo)

- Capacidades visoperceptivas, visoespaciales y visoconstructivas
  - No dificultad específica; bajo rendimiento, en relación con alteración atencional y baja velocidad de procesamiento

- Memoria
  - Amnesia global en referencia a la agresión (desde navidades al primer mes de hospitalización)
  - Memoria remota conservada
  - Memoria inmediata: retiene cantidad muy limitada de información, con exceso de información el rendimiento decae y dificulta la posterior recuperación
  - Recuperación de información, mejora con reconocimiento
  - Sensible a la interferencia
  - Capacidad de aprendizaje conservada
  - Memoria de trabajo fluctuante en relación con la capacidad atencional

- Funciones ejecutivas

  - Dificultad para inhibir respuestas automáticas (Stroop)
  - Baja fluidez verbal (fonológica y semántica)
  - Dificultades en resolución de problema complejos, ofrecer soluciones novedosas, llevar a cabo actividades que requieren planificación previa,...
  - Rigidez (dificultades para cambiar de estrategia)
  - Alto grado de apatía que ha ido mejorando paulatinamente

Conclusiones

- Dificultades en capacidad atencional (sostenida, selectiva, dividida y alternante)

- Marcado enlentecimiento en procesamiento de información

- Alteraciones mnémicas

- Alteración de aspectos ejecutivos: planificación, iniciativa, flexibilidad cognitiva y secuenciación eficaz

- Limitada conciencia del déficit: sobreestima su funcionamiento

Julio

- Motivada e implicada con el tratamiento. *"Muy bien, lo he hecho todo"*
- Comienza a ganar autonomía (aseo)
- Mejoría anímica. Tranquila, duerme bien. Ya no precisa medicación para inducir el sueño
- Le quitan la sonda
- Aún no duerme sola *"porque hay que poner una TV en mi cuarto, no se ha terciado"*
- Satisfecha con Tratamientos Rehabilitadores

Julio

- Familia: confirma logros en autonomía. *"Ella se va arreglando sola, aún pide a veces compañía para dormir pero la vamos dejando hacer..."*

- Persiste amnesia (recuperación algunos recuerdos de días previos)

- Mantiene los logros en autonomía y va adquiriendo nuevos (tareas de limpieza en casa, empieza a recuperar planes sociales)
- Continúa sin precisar medicación para dormir

- No le han renovado carnet de conducir (psicotécnico)
- Vuelve a fumar (1 cigarro al día)
- Aparecen recuerdos de Navidades y de los días previos

Hª previa consumo: fumadora de 30 cigarrillos/día. 15 años: Consumo esporádico de cocaína y pastillas los fines de semana

Ex-pareja: Consumidor habitual de cocaína, *"desde la mañana ya estaba consumiendo y lo mezclaba con alcohol. Eso fue lo que debió pasar, por ahí teníamos discusiones. Yo ya lo quería dejar y a él cuando consumía si que se le veían los rasgos agresivos"*

Cree que el desencadenante fue que ella lo quiso dejar *"me han dicho mis amigas que yo ya lo llevaba en mente"*

Agosto

- Duerme sola (desde vacaciones)
- Quiere empezar a organizarse con el dinero mensualmente
- Fue a una boda (satisfecha porque lo pasó bien, no fatigada)
- Mejora capacidad atencional (ha leído 4 libros, crucigramas)
- *"No me veo exactamente igual pero bastante bien, no me encuentro muchas actividades pendientes"*
- Fuma 1 paquete al día y toma 1 cerveza al día
- Aún no hay fecha de juicio: *" yo me levanté un día en el hospital y me contaron toda esa movida que parecía una película, yo le digo a mi abogado que meta caña…"* (aparece rabia)
- Familia: Reconoce mejoría aunque puntualiza *"no hace tantas cosas como cree y toma más de 1 cerveza"*
- Informe Asociación

Septiembre

- Coordinación con Asociación → Acuerdo en cuanto a la evolución positiva pero consideramos prematura la reincorporación laboral
- Sobreestima su funcionamiento y rasgos de inmadurez afectiva que sugieren afectación frontal
- Evolución neuropsicológica y emocional muy positiva
- Área de mayor afectación: coordinación motora y equilibrio
- Insiste en deseos de independizarse (redefinimos el objetivo a largo plazo; pasos intermedios previos)
- Importancia de ganar confianza con hechos
- Mantiene logros (hace la cama, barre, mesa, tareas domésticas)
- Dinero mensual
- La familia refuerza y confirma logros. Satisfechos con evolución

Dinámica familiar

- *"Mi madre se ha pasado toda la vida en el trabajo y hasta hace poco no sabía ni qué comidas me gustaban"*
- *"Como cuando me mandaron de pequeña a un internado...que de eso no me olvido, y ahora intentan cambiar y hacer en días o meses lo que no hicieron nunca. Ahora es cuando yo no quiero, por las tardes me voy siempre que puedo"*
- *"Me crió mi abuela y mi tía. Les guardo muchos rencores. Yo quería estar con mis padres. Un día a la semana comía con ellos y lo vivía como una fiesta. Yo sentía que no me querían como a los demás..."*
- *"Con mi madre he chocado mucho más. Ella se mete en la vida de los demás..."*
- *"Mi padre es más moderado y cuando toma una decisión también es más firme...."*

- *"Cada vez soy más yo pero no me veo igual que antes, antes tenía más ilusión por todo, me encuentro más apagada, sin encontrar un estado bien. Yo era muy echada para adelante y ahora me veo muy frenada...., también he rebajado mi genio y eso no me gusta..."*

- *"Si alguna vez me he metido en alguna historia es porque he buscado vías de escape por donde sea, por salir de casa. Yo soy mucho más cariñosa y para mí el cariño es algo fundamental..."*

- *"Mi padre me mira y ya sabe lo que me pasa..."*

- Habla de su relación de pareja: *"lo que yo buscaba era salvarle, suelo buscar ese tipo de parejas"*

- ALTA en Rehabilitación Hospital

- Va a empezar a estudiar Bachiller

- Progresivamente va hablando mucho más sobre aspectos relacionales y emocionales en las entrevistas (menos conductuales)

Octubre

- Se levanta sola (despertador)
- 1ª vez que sube sola a consulta
- Peritaciones forenses → cerca del 80% incapacidad. *"Él ya se me ha cargado la vida, así que ahora que me la arregle de alguna forma. Con el dinero que me dieran me montaría una tienda, aunque me dé lo que me dé no va a solucionar todo lo que me ha pasado"*
- Aumenta consumo (30 cigarros/día y 3 cervezas semanales)
- Estudiando y se ha apuntado a tai chi
- Discusiones con la familia
- Exploración de ideación autolítica y antecedentes (3 gestos con pastillas)
  - Tras divorcio
  - Tras aborto
  - Tras discusión con otra pareja
    - "Todo lo que hago es impulsivo, eso es algo que tengo que pulir". Compromiso de mantenerse viva

Noviembre

- Cree que tiene puesto un detective
- *"Me dicen que aguante, que me puede arreglar la vida. Puede sonar muy frío pero hay mucho dinero en juego"*
- *"Me da la impresión de estar en una cárcel" "No puedo trabajar y tampoco puedo sacar ahora un notable ..." "El problema es la incertidumbre"*
- Ha empezado a chatear *"Se me acelera el corazón, me pasan cosas muy raras con este chico, ...tenemos muchas cosas en común, educado, preparado"*

Familia: valida su capacidad de tolerar mejor el sacrificio, *"más madura, tolerante y empática"* Preocupado porque cree que ha iniciado conductas de vómitos

Y finalmente …

- Mejor, tengo mis vías de escape: chat, amistades, quedo con ellos. Mis padres están haciendo un esfuerzo para permitirme más cosas.
- Ganas de trabajar
- *"No sé que me pasa, últimamente revolucionada"*
- Ha iniciado relación con un chico (discusiones con familia)
- *"Muchas ganas de que pase el juicio, necesito pasar página"*
- A medida que pasa el tiempo se va desgastando: *"Voy perdiendo fuerza, no soporto que se metan en mi vida aunque entiendo que estén preocupados..."*

Intervención psicoterapéutica

- Gran importancia de "alianza terapéutica" (escuchar, validar, no juzgar, desculpabilizar...)
- Responsabilidad del paciente en establecimiento de objetivos y toma de decisiones (expectativas y objetivos realistas)
- Planificación de mejora de autonomía como paso intermedio para lograr su objetivo → independencia
- Generar estrategias de autocontrol emocional y afrontamiento
- Reestructurar el pensamiento dicotómico, sensibilidad a las críticas
- Afrontamiento más adaptativo de conflictos interpersonales (entrevistas familiares)

- Retomar proyecto vital: vida social, laboral, ocio...

- Refuerzo de esfuerzo y logros → Locus Control Interno

- Reelaboración de la historia psicobiográfica
  - Integración de experiencias traumáticas
  - Reconstrucción de significado (Psicoterapia narrativa)
  - Importancia de las pérdidas (Vínculos)
  - Rescatar aspectos de Resiliencia
  - Conexión de su situación actual con la "línea argumental" de su vida y trabajar prevención

A propósito de un caso de Celotipia

A propósito de un caso de celotipia

DERIVACIÓN Y MOTIVO DE INGRESO

- Varón de 28 años, procedente de Hispanoamérica (vive en España desde hace 10 años), tiene pareja estable desde hace 6 años. Convive con ella, su hijo de 3 años y sus padres.

- 14/01: Acude a URG acompañado por su pareja y por su padre por presentar importante cambio conductual en los últimos dos meses, alucinaciones visuales y auditivas.

DERIVACIÓN Y MOTIVO DE INGRESO

(Durante la anamnesis asegura que no puede sincerarse porque hay cámaras instaladas en el box que quieren robarle las ideas de su subconsciente).

- Inicialmente comenzó con cuadro de celotipia, recriminando a su pareja acciones como que *"la cama vibra y ella misma porque usa vibrador"*, posteriormente con cuadro persecutorio *"la policía le sigue y la gente le vigila continuamente, incluso le graban desde los coches".*

- Reconoce consumo de cocaína sin especifiar cantidad.

EXPLORACIÓN PSICOPATOLÓGICA

- EM : Consciente, alerta, orientado, suspicaz, poco colaborador, tenso durante la entrevista aunque no llega a agitarse. Oculta información. No hay discurso espontáneo, responde a las preguntas brevemente. Presenta insomnio (según su pareja no duerme hasta las 4 am).

- Su pareja y su padre refieren que desde hace 2 meses presenta ideas delirantes de tipo persecutorio *"tiene puesto un microchip, la familia tiene un micro en el oído"*, fenómenos de lectura del penamiento *"ya sabéis lo que pienso"*. Durante la entrevista presenta soliloquios, en ocasiones da pararrespuestas. Busca pruebas de la supuesta infidelidad de su pareja en el coche, en casa...dice que le apuntan con un láser.

56

EXPLORACIÓN PSICOPATOLÓGICA

- No presenta clínica afectiva mayor ni ideación suicida. Acepta el ingreso de forma voluntaria.

- Impresión Diagnóstica:

  - **Abuso de cocaína**
  - **Psicosis secundaria a consumo de tóxicos**

INGRESO EN UCE
Del 14 de enero hasta el 3 de Febrero

20 días de ingreso…

GENOGRAMA

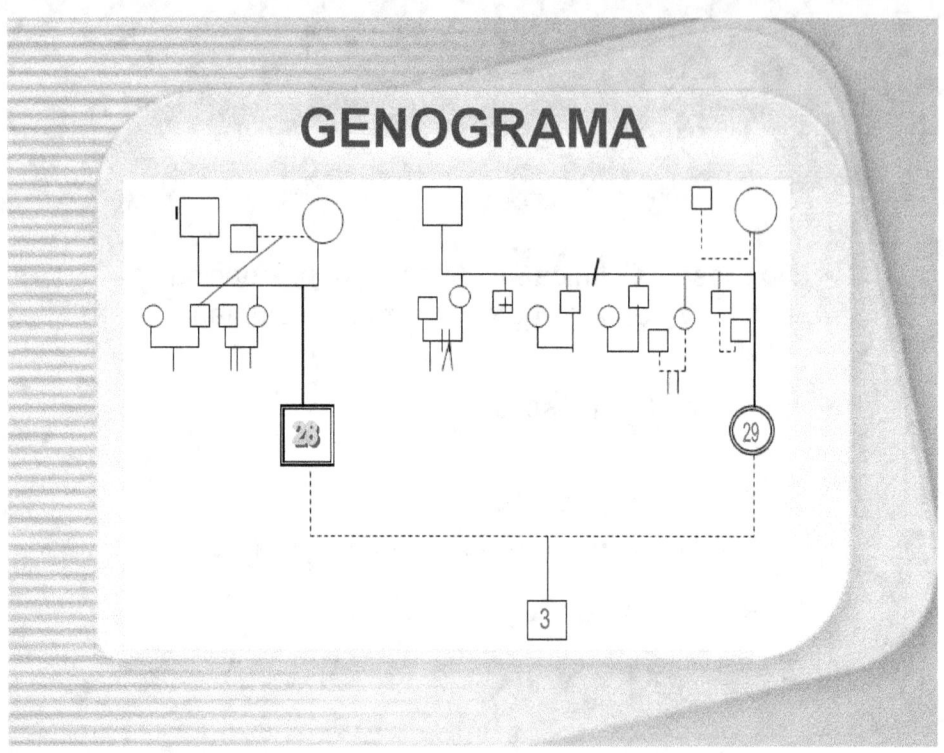

Dinámica familiar

- El pequeño de una fratría de 3 hermanos varones.

- El hermano mayor (34a, solo de madre), el segundo (29a). Ambos casados, viven en su país de origen.

- Padre (54a), actualmente en paro.

- Madre (50a), trabaja en limpieza.

Dinámica familiar

- Él lleva 10 años viviendo en España, sus padres viven con ellos desde hace 1 año y piensan volver a su país en abril *"porque mi padre no encuentra trabajo y mi madre ya está cansada".*

- Refiere muy buena relación con su hijo *"Él es muy pegado a mí"* (lleva una foto de él en el pijama).

- Buena relación con sus padres. Su padre le describe como trabajador y responsable *"El trato con la familia siempre ha sido correcto, hace un año que empezó a trabajar en un bar y fue cuando empezamos a notar cambios... de forma progresiva el trato empezó a ser peor, muy difícil...."*

La familia de ella...

- La pequeña de una fratría de 7 hermanos.
- Padres separados.
- De nacionalidad española, reside en la ciudad actual desde los 13 años.
- Mantienen relación con los padres si bien hace crítica de ellos.
- El segundo hermano falleció en un accidente.
- Su otro hermano a raíz del fallecimiento de éste comenzó a consumir alcohol. Refiere historia de abuso por parte de algún varón de la familia

La familia de ella...

- **Ella ha buscado ayuda en psicólogo privado:** *"Yo quería ir al psicólogo para tratar lo de mi hermano que creo que me ha afectado mucho y también mi dependencia hacia mi pareja"*

- **Con sus suegros:** *"Con su padre mejor, su madre es más seca. Ellos son en la base machistas y tengo que adelantarme a ello, hacer las cosas de la casa para que no lo haga mi suegra, pero yo tengo mi ritmo, me cargaba con todo..."*

ANTECEDENTES FAMILIARES Y PERSONALES

- A.PERSONALES
  - Criptorquidia y torsión testicular derecha.
  - Ha presentado importante ingesta de alcohol durante su juventud. Actualmente refiere hacerlo de forma esporádica.
  - Fumador de 10 cigarros/día. Niega consumo de THC.
  - Desde hace 1 mes y medio aprox consumo de cocaína y alcohol.
  - Había sido citado para iniciar Terapia de Pareja antes del ingreso.

- A.FAMILIARES
  - Abuela paterna padecía depresiones.

PSICOBIOGRAFÍA

- El menor de una fratría de 3 hermanos varones.

- Reconoce haber consumido alcohol de forma abusiva en su juventud (problemas en el equipo de fútbol que jugaba).

- No termina estudios de Bachiller.

- Primera novia (14-18 años): rompieron la relación porque él vino a vivir a España.

PSICOBIOGRAFÍA

- Empezó a trabajar pronto en España con buen nivel de desempeño (recogiendo fruta, actualmente como transportista y desde hace 1 año lo combinaba con otro empleo de camarero por las noches). Desde entonces su familia refiere que lo encontraban muy estresado, apenas dormía y perdió bastante peso. Comienza a deteriorarse de forma progresiva su relación familiar y de pareja.

- Entre los 18-22 años: *"tuve novietas"*
- A los 22 años inicia relación con pareja actual.

PERSONALIDAD PREVIA

- El paciente se define como *" En el fondo fondo no me fío de nadie, desconfío de todos en general, soy muy desconfiado. Algo llevaba ya antes que se me engrandeció con esto de la droga, no me gusta mucho hacer amistades, es algo que no me interesa, por ejemplo en el trabajo no me relaciono mucho con mis compañeros porque es gente que no me aporta mucho en el día a día".*

- Reconoce tendencia a la rumiación.

- Inestable emocionalmente *"Soy de genio, estoy o muy contento o muy enfadado, fumo mucho o poco, duermo mucho o muy poco, depende del día".*

PERSONALIDAD PREVIA

- Se define como alguien celoso de siempre *"pero sobre todo de la gente que me importa de verdad"*

- Sus padres lo definen como trabajador y poco conflictivo, correcto en el trato.

- Establece buen contacto afectivo.

ENFERMEDAD ACTUAL

- De siempre celoso pero en los 2 últimos años progresivamente más celoso y acusador.

- En los últimos 6 meses sus acusaciones han llegado a ser totalmente irracionales. Dice que su pareja tiene múltiples amantes, que le engaña en el trabajo (trabaja como operaria en empresa y en limpieza), que se comunica con ellos de diferente forma y en secreto *"a través de un mecanismo que lleva en la boca"*, realiza continuas comprobaciones, algunas francamente exageradas.

ENFERMEDAD ACTUAL

- En el último mes (coincidiendo con el consumo de cocaína) las ideas se han generalizado con manías de persecución y autorreferenciales (la policía le persigue para detenerle y la gente le vigila, tiene puesto un microchip y la familia un micro en el oído, piensa que su hermano está en España y que lo persiguen), alucinaciones (oía que le preguntaban cosas y él respondía). El cuadro de celotipia se intensifica y la situación a nivel familiar se vuelve insostenible.

- No se ha llegado a producir violencia física en el ámbito familiar pero la atmósfera ha sido muy tensa.

EVOLUCIÓN CLÍNICA

- Los primeros días se muestra irritable y suspicaz, insiste de forma reiterativa en pedir el alta voluntaria (se hace ingreso involuntario).

- Recrimina a su familia y les culpa de estar ingresado. Les llega a decir que no va a tomar la medicación y que va a desaparecer con su hijo, arrebata el móvil a su madre porque cree que lleva un micrófono para grabar la conversación.

- Sedación trapéutica. (Pasa buena parte del día dormido en la cama, no acude a las actividades de grupo).

- Pasados los 5 primeros días comienza a mostrarse más colaborador y mejora el contacto afectivo aunque impresiona de ocultar sintomatología. Continúa sin acudir a TG y persite somnolencia.

- Motivo de Ingreso: *"Me pasé con las rayas y me rallé".* Reconoce haber padecido ideación delirante y alucinaciones que relaciona con el consumo de cocaína. Comienza a hacer crítica (20 de enero).

EVOLUCIÓN CLÍNICA

- *"Empecé a consumir hace 1 mes y medio y se me disparó la cabeza…"*
- Minimiza la problemática de pareja previa.
- Al preguntarle por la posible infidelidad de su pareja: *"Hay veces que si que lo creo porque no le veía casi nunca, yo me he descuidado mucho de ella, tiene cambios de humor de repente, no me pregunta nada, si nos acostamos se duerme pronto. No quiero hablar,…yo creo que desde que empecé a consumir… igual soy muy exagerado".*
- Se reconoce como celoso *"Soy celoso cuando doy importancia a la relación, ahora muy enamorado, cuando no estoy con ella me desespero por verla".*
- Mayor temor: *"Que me esté ocultando y que encuentre algo fiable que pruebe que me ha engañado, las mentiras".*
- Reconoce búsqueda de pruebas (móvil, coche, WC…).
- Atribuye todo al consumo de cocaína aunque impresiona de tratrarse de un proceso de desarrollo.

EVOLUCIÓN CLÍNICA

- Mejora el ánimo paulatinamente. Comienza a participar en actividades grupales de forma muy positiva.
- Comienza a relacionarse algo más con los compañeros, correcto en el trato con ellos.
- Se inician salidas terapéuticas acompañado por las tardes (26-01; tras 12 dias)
- Revisa lo que *"para mi fueron pruebas de infidelidad y me di cuenta de que estaba equivocado, por ejemplo ví unos libros que yo decía que no le había regalado yo y revisándolos bien vi alguna anotación mia"*
- Ya no le pide el móvil para revisarlo, disminuye llamadas, ya no le culpa de su ingreso *"La culpa de que esté aquí fue mia no de ella, la manera de pensar me ha cambiado bastante""empecé a trabajar de camarero y ahí se estropeó todo, o estás soltero o no trabajes de noche, ella se quedaba sola y empecé a pensar que me engañaba..."*
- Empatiza más con los sentimientos de su pareja (entiende que tuviera miedo), acepta que ella se haya trasladado provisionalmente a casa de su madre. De acuerdo en iniciar Terapia de Pareja al alta.

La relación de pareja...

- Inicio de la relación hace 6 años.
- *"La conocí en un bar, era amiga de las camareras y siempre estaba ahí, seguí yendo hasta que me enrollé con ella".*
- Pronto se fueron a vivir juntos y compraron un piso en común. *"Fue todo muy rápido".*
- *"En la convivencia nunca hemos tenido problemas. Si que había problemas con mis salidas después de trabajar en la discoteca".*
- *"Ella es frágil y no es una chica así muy fuerte o que afronte las cosas con decisión, por eso creo que también necesita ayuda".*
- Reconoce que los celos se dispararon, entiende que ella sintiera miedo.
- *"Ha tenido miedo de que le hiciera algo a ella o al niño, llegué a alzar mucho la voz y casi le alcé la mano aunque me frené rompiendo un objeto o saliendo a fumar a la terraza. Cuando le veía a ella inquieta pensaba que estaba nerviosa porque yo iba a descubrir algo y no pensaba que estuviera así por el miedo de lo que yo pudiera hacerle".*

Lo que cuenta ella...

- *"Yo tenía una pareja pero siempre lo dejábamos y volvíamos otra vez. Yo me distancié para olvidarlo y así conocí a B en un bar. Mi amiga empezó con un chico y yo me pegué más a los amigos de él, me fuí distanciando de los míos..."*
- *"Casi al mes vivía en su casa y empezamos a compartir gastos y todo".*
- *"No podía quedar con nadie...solo era él y sus padres,no me podía ni duchar tranquila, que por qué me cambio de ropa interior...".*
- *"Me pasé todo el primer año de mi hijo en casa y él durmiendo".*
- *"Una vez al principio se cabreó muchísimo porque saludé a un chico, toda la noche cabreado, nos fastidió a todos".*
- **Nacimiento de su hijo** *"Solo salíamos para ver a sus padres".*
- **Al año comenzó a trabajar en el bar** *"Ahí yo podía salir con mis amigas aunque a él no se lo decía, fueron los mejores momentos de la relación, él volvía de trabajar no borracho pero si con 2 copas, pero venía tranquilo y podíamos hablar de mis quejas con sus padres, los problemas...".*

Las relaciones sexuales

- *"Eso es otro tema, ...a mí me cuesta mucho sentir, mi otra pareja me echaba la culpa a mí. Él nunca me la ha echado... Antes de que trabajara en el bar las relaciones han sido más para él que para mí pero a raíz de que empezara a trabajar allí era más comprensivo, estaba más pendiente de mí y era cuando mejor,...reconozco que yo también estaba más expresiva...* (relata historia de abusos) y añade *"reconozco que muchas veces me sentaba mal que él me tocara"*

- *"Un mes antes de la crisis estaba muy bien, hablábamos, estaba más cariñoso, después él empezó a decir que no sentía nada y me echaba la culpa a mí, ahora no puedo besarle y cerrar los ojos porque cree que estoy pensando en otro..."*

- *"Le conté un día que cuando teníamos relaciones tenía fantasías con otra gente y puff ¡cómo se puso!, decía que hiciésemos una regresión, una hipnosis que allí iba a salir todo..."*

TTº Y RECOMENDACIONES AL ALTA

- GÉNERO DE VIDA : Activa sin tóxicos.
- PAUTAS A SEGUIR: Mantener baja laboral por parte de su MAP hasta que lo aconseje su psiquiatra (aproximadamente 3-4 semanas).

- SEGUIMIENTOS: En USM de forma preferente (cita pedida).

- TRATAMIENTO FARMACOLÓGICO
  Mantener el prescrito en planta

- PSICOTERAPIA
  - Terapia de pareja.

JUICIO DIAGNÓSTICO

- EJE I
  - F22.0 Trastorno delirante celotípico.
  - F14.1 Abuso de cocaína. Antecedentes de dependencia de alcohol.
  - Z63.7 Problema de relación asociado a un Trastorno mental.

- EJE IV
  - Problemas relativos al grupo primario de apoyo.

- EJE V
  - EEAG= 30 al ingreso y 45 al alta.

TTº Y RECOMENDACIONES AL ALTA

- GÉNERO DE VIDA : Activa sin tóxicos.
- PAUTAS A SEGUIR: Mantener baja laboral por parte de su MAP hasta que lo aconseje su psiquiatra (aproximadamente 3-4 semanas).

- SEGUIMIENTOS: En USM de forma preferente (cita pedida).

- TRATAMIENTO FARMACOLÓGICO
  Mantener el prescrito en planta

- PSICOTERAPIA
  - Terapia de pareja.

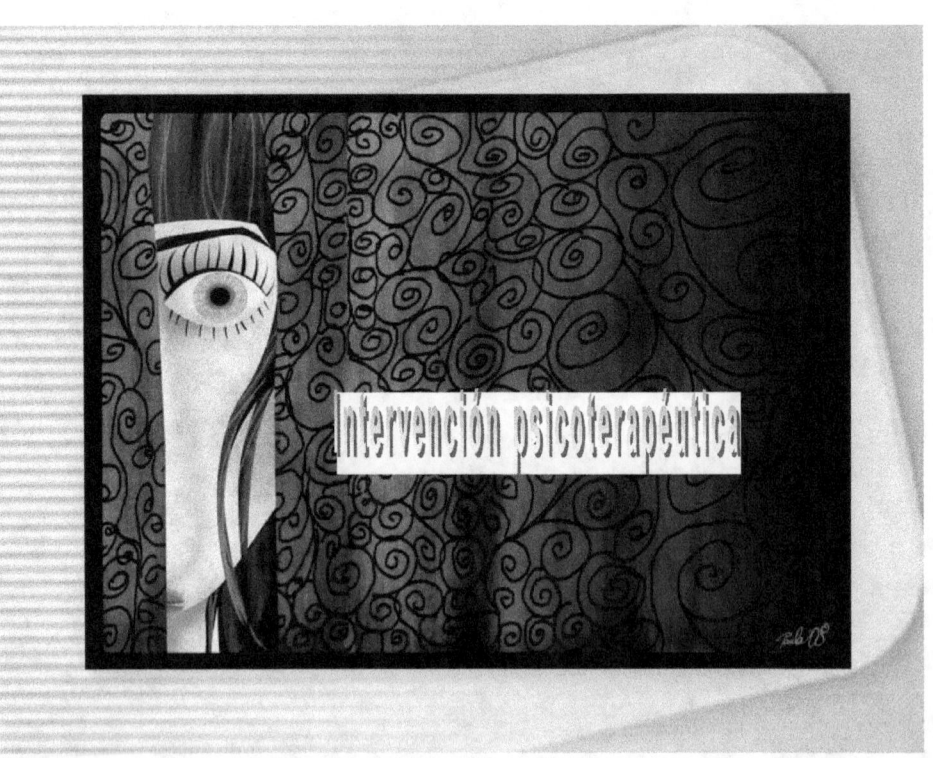

68

ABORDAJE PSICOTERAPÉUTICO

- Separación del medio familiar (riesgo violencia familiar).
- Se introduce Tratamiento Farmacológico (contención y sedación terapéutica).
- Primeras entrevistas psicoterapéuticas: evalución, ir creando la relación terapéutica.

- A medida que comienza a hacer crítica: ayudarle a que pueda ir cuestionando la clínica psicótica, promover la empatía con la vivencia afectiva de la pareja (miedo), le puede ir dando otra lectura no delirante a las reacciones y gestos de su pareja…(nueva narrativa).
- Trabajar la conciencia de enfermedad (de la atribución única y exclusiva al consumo de tóxicos a introducir otras variables caracterológicas) "Algo llevaba antes que se me engrandeció con esto de la droga".

- Se introducen salidas terapéuticas por las tardes (le permite ir reestructurando las interpretaciones delirantes que él reconoce como exageradas, tiempo en pareja y con hijo). "No sé cómo llegué a pensar así de mi novia…" "Siempre he desconfiado de todo el mundo porque me ha dado muchos palos la vida, pero confío en mi pareja y sé que no tengo que agobiarla."

ABORDAJE PSICOTERAPÉUTICO II

- Intervención sobre factores que puedan precipitar recaídas (psicoeducación, insistencia en evitar consumo de tóxicos, buena adherencia a la medicación y continuidad terapéutica).

- Preparar el trabajo para fomentar la adquisición de nuevos mecanismos de afrontamiento.

- Entrevistas de pareja para clarificar continuidad terapéutica al alta y facilitarles un espacio en el que puedan expresarse de forma más abierta y pactar unos acuerdos iniciales (ella seguirá en casa de su madre un tiempo, él lo respetará e irá disminuyendo comprobaciones).

- Entrevista familiar conjunta (PSQ + PC) previa al alta, para entregar informe de alta y aclarar posibles duda (padres preguntan acerca de la conveniencia de irse a América en los próximos meses).

El delirio celotípico

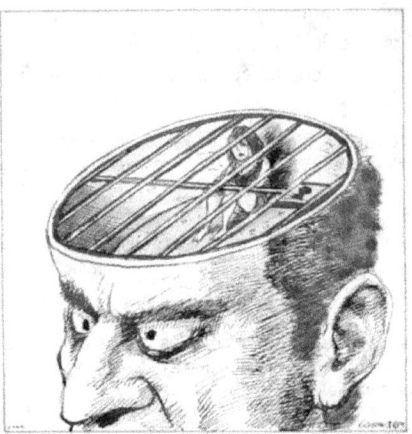

Los delirios pasionales

- Se caracterizan *(según G. de Clérambault)* por :

  - LA EXALTACIÓN (Exuberancia, hipertimia, hiperestesia,…)
  - LA IDEA PREVALENTE (que subordina todos los fenómenos psíquicos y todas las conductas a un postulado fundamental, el de la convicción inamovible)
  - SU DESARROLLO EN SECTOR (en el sentido de que el delirio constituye un sistema parcial que penetra como una cuña en la realidad)

- Los delirios pasionales generalmente implican el mismo núcleo afectivo que los de reivindicación (carácter paranóico y complejo de avidez y de frustración).

Características clínicas

- El delirio pasional plantea, en relación a las pasiones normales, un difícil problema de diagnóstico.

- Los estados pasionales delirantes:
    - Estos estados pasionales se producen sobre un fondo de desequilibrio caracterológico.
    - Se acompañan de un cortejo de trastornos (tímicos, experiencias alucinatorias, despersonalización, fases de exarcebación, impulsividad, dando lugar a periodos productivos que testifican un desquiciamiento de la vida psíquica).
    - Son patológicos y delirantes porque la pasión (incluso si se inserta en una situación real) tiene una estructura esencialmente imaginaria
    - Rigidez afectiva de la pasión que constituye el eje. Son bloques ideoafectivos inconmovibles, impermeables a la experiencia y rebeldes a toda evidencia.

El delirio celotípico

- *Consiste en transformar la relación amorosa de la pareja en una situación triangular.*
- *El tercero introducido entre la pareja es un rival, y sobre su imagen se proyectan resentimiento y odio acumulado por las frustraciones que ha sufrido o que sufre el delirante celoso.*
- *Éste se siente trágimente burlado y abandonado.*
- *La historia delirante labra todas sus peripecias (mentiras, ardides) en torno a este tema. Esta perspicacia polariza su vigilancia, le hace sondear los sentimientos, descubrir las intenciones, desbaratar las artimañas.*
- *A través de un trabajo de encuesta y reflexión, el delirante esclarece el misterio y llega a una verdad absoluta*
- *Cuando el delirio celotípico se ha formado, se sistematiza en un haz de "pruebas", de "pseudocomprobaciones", de "falsos recuerdos", de ilusiones de percepción y de la memoria (falsos reconocimientos, ilusión de Fregoli, etc)*
- *Las experiencias oníricas confusionales y las pesadillas (particularmente en los delirios celotípicos de los alcohólicos) alimentan la pasión celosa.*

Henri Ey

- Personalidad Premórbida: personas celosas, suspicaces, con elevado afán de posesión...
- Prevalencia desconocida. (Tr delirante en España se estima 0,025%)
- Frecuencia similar en ambos sexos (o más en varones), pero en hombres genera conductas mucho más violentas que pueden llegar al homicidio (2-4% casos).
- Se desconoce el impacto que este cuadro pueda tener en los casos de violencia doméstica.
- Un % muy elevado de personas alcohólicas muestran celos patológicos (hasta un 34%).
- El comienzo suele ser gradual con muchas rumiaciones previas que condicionan un estado de ánimo delirante.
- No es excepcional que la idea delirante surja como una deducción razonable de una infidelidad real y devenga en una idea delirante autónoma del hecho que la desencadenó.
- Tampoco es infrecuente que la profecía se cumpla.
- Pronóstico malo con tendencia a la cronicidad.
- En muchas ocasiones es necesario proteger a los supuestos "infieles" por el peligro que corren.
- Diagnóstico diferencial: con patologías señaladas en general para los T. delirantes pero también con problemas conyugales o sexuales reales, abuso de drogas (alcohol), lesiones LT o disfunciones sexuales.

Tratado de Psiquiatria (Vallejo Ruiloba y Carmen Leal, 2010)

Variables vinculadas a la violencia grave

- Estudio comparativo entre violencia de pareja grave y menos grave a partir de 1.081 casos denunciados

  (Echeburúa, Fdez-Montalbo y Corral, 2008).

- Perfil del agresor: celotipia y posesividad, conductas de acoso, quebrantamiento de órdenes de alejamiento, sentimientos de humillación por la ruptura de pareja, consumo abusivo alcohol y otras drogas, historial de violencia anterior y en muchos casos tratamientos psiquiátricos inconclusos.

- Variables socioeconómicas y contextuales: sobrerrepresentación de población inmigrante, problemas económicos, falta de apoyo social o separación reciente por iniciativa de la víctima.

- Víctimas de violencia: percepción de peligro de muerte, edad muy joven, personalidad muy dependiente, circunstancias de enfermedad o de dependencia económica, consumo de drogas o entorno de soledad.

Amor, Echeburúa y Loinaz. ¿Se puede establecer una clasificación tipológica de los hombres violentos contra su pareja? International Journal of Clinical and Health Psychology, 2009, vol. 9, nº3, pp.519-539

FACTORES DE RIESGO DE AGRESIVIDAD EN CELOTÍPICOS

- GRAVEDAD CLÍNICA Y SÍNTOMAS PSICÓTICOS
- TRASTORNO DE PERSONALIDAD PARANOIDE DE BASE
- CONSUMO DE ALCOHOL Y TÓXICOS
- DETERIORO COGNITIVO LEVE
- DIFICULTADES PREVIAS EN LA CONVIVENCIA
- CRONICIDAD
- FALTA DE CONCIENCIA DE ENFERMEDAD
- RECHAZO DEL TRATAMIENTO

Conciencia de Enfermedad.

CONCIENCIA DE ENFERMEDAD

JUSTIFICACIÓN

- La mayoría de los estudios siguen hablando de una ausencia de conciencia de enfermedad total o parcial en torno al 60%.
- Este dato correlaciona con:

  - Tasas de cumplimiento terapéutico.
  - De recaídas.
  - Pronóstico de la enfermedad

JUSTIFICACIÓN

- Necesidad de Fomentar:
  - El conocimiento de los pacientes sobre la enfermedad mental.
  - Proporcionar estrategias: identificar/afrontar las distintas fases.
- Dirigido a Esquizofrenia fundamentalmente. Otros trastornos mentales graves.
- "Normalizar" . Contextualizándola en el concepto de vulnerabilidad. Énfasis:
  - Síntomas.
  - Factores de riesgo y protección.

OBJETIVOS

- **Implicar** a los pacientes en el **conocimiento y el manejo** de su enfermedad mental sustituyendo falsas creencias y estereotipos por información útil y clara.

- Situar la enfermedad mental en el **contexto** de otras alteraciones y explicar su origen desde el modelo de vulnerabilidad-estrés.

- Estimular el diálogo acerca de **experiencias personales** relacionadas con la enfermedad en un entorno grupal seguro y contenedor.

- Transmitir la sensación de que es posible controlar la enfermedad **identificando** los pródromos, manejando los factores de riesgo y potenciando los factores de protección.

DESARROLLO DEL PROGRAMA

- Sesiones **semanales de grupo cerrado**. Dada la carga teórica y emocional de las sesiones sería deseable que se combinara con actividades más distendidas.

- **Programa estructurado** de sesiones con una dinámica de 3 fases:

  - Repaso de los contenidos de la sesión anterior.
  - Exposición del tema de la sesión.
  - Ejercicios prácticos individuales y/o grupales de aplicación del tema tratado.

DESARROLLO DEL PROGRAMA

- Al final de cada sesión se puede entregar a los asistentes un resumen de los contenidos para que lo guarden y lo revisen fuera del grupo.

- Más que el aprendizaje de contenidos teóricos, el programa pretende **facilitar la implicación** de los pacientes en el manejo de la enfermedad. Para ello es necesario estimular sus aportaciones, proponer ejemplos concretos y compartir experiencias personales en el grupo.

PROGRAMA DE SESIONES: BLOQUES TEMÁTICOS

1. ¿QUÉ ES LA ENFERMEDAD MENTAL?
2. LAS PSICOSIS Y SUS SINTOMAS
3. AUTOEVALUACION DE SINTOMAS
4. VULNERABILIDAD Y CAUSAS: MODELO VULNERABILIDAD-ESTRÉS
5. FACTORES DE RIESGO Y DE PROTECCION
6. CURSO DE LA ENFERMEDAD Y FASES
7. CONSECUENCIAS DE LA ENFERMEDAD Y TRATAMIENTO

CUESTIONARIO INICIAL/FINAL

Nombre: Fecha:

- Tanto la enfermedad mental como la enfermedad física están relacionadas con el estilo de vida de la persona.
- Las enfermedades mentales afectan a las emociones, pensamientos y conducta de las personas.
- Padecer una enfermedad mental es algo raro que le ocurre a poca gente.
- La esquizofrenia no es una enfermedad mental.
- Los delirios consisten en ver y oír cosas que lo demás no ven ni oyen.
- El aislarse de los demás es un síntoma de varias enfermedades mentales.
- El no tener ganas de hacer nada y la falta de atención no tienen nada que ver con la enfermedad mental.
- Los enfermos mentales tienen doble personalidad.
- Parece que hay muchas causas en el origen de los trastornos mentales: genéticas, psicológicas y sociales.
- Algo muy característico de la persona que padece un trastorno mental grave es la dificultad de soportar estrés.
- La medicación sirve para protegerse del estrés.

CUESTIONARIO INICIAL/FINAL

Nombre: Fecha:

- En las psicosis se produce una alteración del contacto con la realidad durante las crisis.
- La persona vulnerable puede tener recaídas, aún tomando la medicación.
- La persona con enfermedad mental es incontrolable.
- La persona vulnerable debería hacer caso cuando los amigos y/o familiares le dicen que se está poniendo mal.
- Tomar la medicación prescrita es suficiente para protegerse.

SESIÓN
¿QUÉ ES LA ENFERMEDAD MENTAL?

- **Dinámica con tarjetas** de colores para relacionar órgano-función-trastorno-corrección, aplicado a enfermedades físicas y mentales. Se reparten las tarjetas al azar y deben formar grupos relacionando los cuatro componentes anteriores.

- **Lluvia de ideas**: falsas creencias sobre la enfermedad mental. Anotamos en la pizarra y comentamos cada una.

- **Tipos de enfermedad mental** que conocen.

- **Clasificación** de enfermedades: trastornos de ansiedad, del estado de ánimo, de personalidad y psicóticos. Nos centramos en la esquizofrenia.

- Puesta en **común** del diagnóstico dado a cada uno.

SESIÓN
AUTOIDENTIFICACIÓN DE SÍNTOMAS

1. Pienso que tengo poderes sobrenaturales que nadie más posee.
2. En alguna ocasión me he sentido con tanta energía que me sentía capaz de hacer cualquier cosa que me propusiera.
3. Pienso que hay un complot montado alrededor de mí para perjudicarme.
4. Me siento observado y perseguido por la calle.
5. Cuando veo a alguien reírse pienso que se ríe de mí.
6. Oigo voces dentro de mí que comentan lo que hago.
7. A veces tengo tan claro lo que voy a hacer que no soporto que me contradigan.
8. Noto que algunas comidas tienen un sabor diferente al habitual.
9. A veces hablo tanto que no dejo intervenir a los demás.
10. Suelo inventar palabras con un significado oculto que sólo yo conozco.
11. A veces duermo vestido para salir corriendo si es necesario.
12. Podría alimentarme únicamente de yogures.
13. Me he pasado varios días sin dormir porque no lo necesitaba.
14. Me gusta guardar todo tipo de cosas en mi habitación.
15. Me cuesta mucho relacionarme con los demás.

SESIÓN
AUTOIDENTIFICACIÓN DE SÍNTOMAS

1. Me pasaría todo el día solo en mi habitación sin hablar con nadie.
2. A veces no encuentro las palabras para expresarme.
3. He dejado de practicar aficiones que antes me gustaban.
4. Me he sentido tan mal conmigo mismo que era incapaz de salir de casa.
5. No me apetece hacer nada más que dormir.
6. Antes disfrutaba mucho con el cine y ahora me da igual.
7. Me cuesta mucho levantarme de la cama aunque tenga obligaciones.
8. Tengo dificultad para concentrarme y recordar las cosas.
9. Me distraigo con mucha facilidad.
10. Me siento muy distante de todo el mundo.

SESIÓN
AUTOIDENTIFICACIÓN DE SÍNTOMAS

CONCIENCIA DE ENFERMEDAD

Nombre: Fecha:

	¿ME HA OCURRIDO?	¿CÓMO SE LLAMA?	TIPO
1			
2			
3			
4			
5			
6			
7			
8			
9			

SESIÓN
MODELO VULNERABILIDAD-ESTRES

LAS CAUSAS DE MI ENFERMEDAD

1. FACTORES DE VULNERABILIDAD PERSONAL:

- GENETICOS
- BIOQUIMICOS
- CEREBRALES
- PSICOLOGICOS

2. FACTORES DE ESTRÉS AMBIENTAL:

- CAMBIOS VITALES
- ESTIMULOS AMBIENTALES

LAS CRISIS SE PRODUCEN CUANDO SOBRE LA VULNERABILIDAD INFLUYEN UNAS CONDICIONES DE VIDA INADECUADAS.

PODEMOS PREVENIRLAS CONTROLANDO LA VULNERABILIDAD Y LAS CONDICIONES DE VIDA, LOS FACTORES DE RIESGO Y DE PROTECCION.

SESIÓN DE IDENTIFICACIÓN DE SÍNTOMAS PRODRÓMICOS O RECAÍDAS

Nombre: Fecha:

Identifica los síntomas que presentaste justo antes del inicio de la última crisis. Aprende a identificar estos síntomas y consulta al psiquiatra cuando se presenten. Intenta prevenir las recaídas.

SÍNTOMAS	SI	NO
Tensión y nerviosismo		
Pérdida de apetito o desorganización en las comidas		
Dificultad para concentrarte en actividades habituales		
Dificultad para dormir		
Disfrutar menos de las cosas		
Inquietud corporal y mental		
Falta de memoria		
Depresión y tristeza		
Preocupado sólo con una o dos cosas		
Ver menos a las amistades. Tendencia a aislarte		
Pensar que se ríen o hablan mal de ti		
OTROS:		

SESIÓN CONSECUENCIAS DE LA ENFERMEDAD

Nombre: Fecha:

	¿QUÉ CONSECUENCIAS TIENE EN MI VIDA?	¿QUÉ PUEDO HACER PARA MEJORAR
Ocupación/trabajo		
Ocio y tiempo libre		
Higiene		
Horarios y hábitos		
Relaciones sociales		
Capacidades mentales (atención, memoria, razonamiento...)		
Relaciones familiares		
Estado emocional		
Otros		

DISCUSIÓN

- Escasa relación entre conciencia de enfermedad y adherencia al tratamiento.

- Se benefician más del grupo los pacientes que al ingreso presentan una conciencia de enfermedad parcial, actitud colaboradora y mayor extroversión.

- Escaso beneficio en pacientes con mayor cronicidad, ambivalencia hacia el ingreso y rasgos esquizoides

ESQUIZOFRENIA RESISTENTE
A propósito de un caso

ESQUIZOFRENIA RESISTENTE
Introducción

- No hay acuerdo sobre la definición.
- Sólo algunos psicofármacos y la terapia cognitivo conductual han demostrado alguna eficacia.
- Guías clínicas: informaciones contradictorias, no útiles en la practica clínica.
- Investigación-práctica.

OBJETIVOS SESIÓN CLÍNICA

1. Describir un caso clínico con grave psicopatología y resistencia al tratamiento.

2. Plantear la complejidad del manejo terapéutico del caso.

3. Despertar interés sobre el tema y animar a realizar aportaciones desde la experiencia profesional de cada uno.

INGRESO EN UME

- Paciente de 26 años diagnosticado de Esquizofrenia Paranoide.

- Derivado desde U.S.M por precisar tratamiento rehabilitador.

- Ingresado en U.M.E desde Agosto.

ANTECEDENTES

- Médicos:
  - NAC.
  - Hemorragia esofágica hace 1 año.
  - Accidente de tráfico en la adolescencia.

- Psiquiátricos:
  - Inicio de la enfermedad hace tres años.
  - No antecedentes familiares de interés

PSICOBIOGRAFÍA Y FUNCIONAMIENTO PREMORBIDO

- Varón. Soltero. Hijo único. Vive con los padres en su pueblo de muy pocos habitantes.
- Carácter introvertido con problemas de relación con otros niños del colegio. Jugaba solo. Escolarizado en la ciudad más próxima, era el único niño del pueblo.
- Posible diagnóstico de déficit de atención con hiperactividad sin tratamiento específico
  - Visitado en una ocasión por psicólogo clínico de USM (no informes).

PSICOBIOGRAFÍA Y FUNCIONAMIENTO PREMORBIDO

- Estudió EGB y FP de mecánica.

- Varios trabajos temporales hasta el debut de la enfermedad.

- Posteriormente colabora con el padre en agricultura-ganadería.

- Aficiones: mecánica, animales, "salir de marcha"

HISTORIA DE LA ENFERMEDAD

- Inicio con 23 años:

1. Grave clínica delirante-alucinatoria asociada a síntomas de primer rango, con elevado sufrimiento y angustia psicótica e importante limitación en la vida diaria

   - Ideación delirante de perjuicio (pueblo, constructora y la ciudad)
   - Alucinaciones auditivas en segunda y tercera persona. (protectoras y amenazantes/despreciativas)
   - Fenómenos de difusión del pensamiento.
   - Alteraciones graves de conducta.
     - Intento autolítico grave (butano)
     - Intentos heteroagresivos a vecinos.
     - Cerrar por completo la casa.
     - Cuchillo en la cama para ir a dormir.

2. Clínica negativa. Aislamiento social, déficit de autocuidados....

HISTORIA DE LA ENFERMEDAD

- Hace 3 años (23 años):

  - Seguimiento en C.S.M.
  - Ingreso en U.C.E dada la gravedad del cuadro clínico y la nula respuesta al tratamiento neuroléptico pautado:
    - 3 meses.
    - Tratamiento con clozapina.
    - Persistencia de clínica productiva aunque con menor angustia manifiesta.
    - TAC: Sin alteraciones valorables.

- Hace 6 meses (26 años): Derivación U.M.E

EXPLORACIÓN PSICOPATOLÓGICA

- Consciente, alerta, orientado auto y alopsíquicamente. Aspecto físico: pelo y ropa (como protección)

- Suspicaz y desconfiado, sin mantener contacto ocular (mira al suelo). Angustia psicótica.

- Respuesta afectiva preservada.

- Discurso fluido y coherente sin alteraciones mayores del curso del mismo.

EXPLORACIÓN PSICOPATOLÓGICA

- Existen graves alteraciones de la conciencia yoica (fenómenos de difusión del pensamiento).

- Ideación delirante de perjuicio y autorreferencial con continuas interpretaciones delirantes de su entorno.
  - Pueblo
  - Ciudad

- Fenómenos sensoperceptivos múltiples aunque fundamentalmente acústico-verbales (segunda y tercera persona, amenazantes y protectoras). Incluso con objetos INANIMADOS (piedras, tractor) y ANIMALES (ovejas).

EXPLORACIÓN PSICOPATOLÓGICA

- Ideación delirante de perjuicio sistematizada (aunque, pobre sistematización de la construcción delirante, estando en un constante cambio en función de las nuevas interpretaciones delirantes que va incorporando).

- Alteraciones conducta secundarias (previamente citadas).

  - Iglesia.
  - Rutas repetidas de comprobación.

EXPLORACIÓN PSICOPATOLÓGICA

- Elevada presión de **sufrimiento,** secundaria a esta clínica con cogniciones depresógenas al ser consciente de sus limitaciones.

- (Al ingreso) Alteración del ritmo vigilia-sueño

- Parcial conciencia de enfermedad verbalizando discreta mejoría con el tratamiento pautado.

EXPLORACIÓN NEUROPSICOLÓGICA

WCST (Función ejecutiva):

Funcionamiento límite con errores no perseverativos. Dificultad para comprender la tarea e impulsividad en las respuestas. Precisa apoyo para centrarse e inhibir respuestas impulsivas.

TAVEC -Test de aprendizaje verbal

(Aprendizaje y memoria)

Dificultades en recuerdo inmediato, no se beneficia de las claves en RCP y RLP, emplea escasas estrategias semánticas. Abundantes intrusiones y perseveraciones. Dificultades atencionales y organizativas en el procesamiento de la información.

EXPLORACIÓN NEUROPSICOLÓGICA

- **D2. Test de Atención- Brickenkamp, 2002**
  (Atención selectiva y concentración mental).

  Escasa velocidad de procesamiento, poco control atencional con dificultad en cumplimiento de reglas y precisión.

VALORACIÓN SOCIO-FAMILIAR

- **DAS:** (Fuente: padres. Datos referidos a un mes antes al ingreso)

  - 1.1-Cuidado e higiene personal: Discapacidad **mínima**.
    - Necesidad de estímulo en ocasiones, pero en general autónomo, sin interferencia en la vida social. Más dificultades para el cuidado de su entorno por falta de hábito. Dificultad en la estructuración de horarios.

  - 1.2-Utilización del tiempo de ocio: Discapacidad **evidente**
    - Caracterizada principalmente por la inactividad, Escasas aficiones y motivación para la realización de actividades de ocio, no entorno favorable (faltas de alternativas en el medio).

  - 1.3-Aislamiento social y contactos sociales:
    Discapacidad **evidente**
    - Evita contacto con algunas personas, no relaciones de amistad. Fuera del entorno familiar no mantiene ningún contacto social.

VALORACIÓN SOCIO-FAMILIAR

- **DAS:** (Fuente: padres. Datos referidos a un mes antes al ingreso)

  - 1.4-Participación en la vida familiar:
    No participa espontáneamente en actividades del hogar. Ayuda a su padre en labores del campo. Muestra interés y participa en las decisiones del entorno familiar. No conflicto.

  - 1.5-Rol profesional:
    Ayuda en el negocio familiar por las tardes, precisa de estímulo, los padres consideran que le gusta el trabajo que desarrolla. Los padres intentan adecuar el trabajo que desarrolla a sus capacidades.

  - 1.6-Conexión con el medio:
    Falta de interés por los acontecimientos en el medio

EVOLUCIÓN DURANTE EL INGRESO

- **Adaptación a la Unidad**

  - Al inicio, buena con una implicación adecuada y con disfrute de las actividades como ruptura de su aislamiento previo (excursiones, piscina, playa, contacto social con los compañeros...).

  - Meses: Inclusión de la sistemática delirante centrada en la Unidad (más tiempo en el pueblo) que cede tras comprobación.

EVOLUCIÓN DURANTE EL INGRESO

• **Grupos**:

• Conciencia de enfermedad.
• Taller de Medicación.
• Preparación de medicación/adherencia al tto.
• Interacción en la comunidad.
• Educación para la salud.
• Estimulación cognitiva
• Piscina

• AVD.
• Taller de cocina.
• Revista.
• Musicoterapia.
• Teatro.
• Pistas deportivas.
• Habilidades sociales.
• Planificación y revisión fin de semana

EVOLUCIÓN DURANTE EL INGRESO: PLAN INDIVIDUAL DE REHABILITACIÓN

ESTADO PSICOPATOLÓGICO

• Sistemática delirante-alucinatoria:

  ◦ Similar.
  ◦ Parcial crítica.
  ◦ Menor sufrimiento.
  ◦ Ansiedad anticipatoria

• Clínica negativa:

  ◦ Más activo.
  ◦ No alteraciones de horarios
  ◦ Mejoría en la ayuda al padre en el campo.
  ◦ Salidas fuera del pueblo.

EVOLUCIÓN DURANTE EL INGRESO: PLAN INDIVIDUAL DE REHABILITACIÓN

ESTADO PSICOPATOLÓGICO

- Conciencia de enfermedad:

  - Mejora del conocimiento e identificación de síntomas
  - Progresiva aceptación de discapacidad y reducción de expectativas vitales
  - Cogniciones depresógenas y actitud dependiente (medicación, personal)

EVOLUCIÓN DURANTE EL INGRESO: PIR

TRATAMIENTO Y ADHERENCIA:
Tratamiento Psicofarmacológico

OBJETIVOS:	ESTRATEGIAS:
- Intentar conseguir estabilidad psicopatológica. Mejorar síntomas productivos. - Mejorar autonomía y adherencia.	- Clozapina + nlp. - Preparación de medicación - Adherencia tratamiento - Taller de medicación - Conciencia de enfermedad - Terapia individual

EVOLUCIÓN DURANTE EL INGRESO: PIR

AUTOCUIDADOS

Precisa supervisión por tendencia al abandono

OBJETIVOS:	ESTRATEGIAS:
- Favorecer autonomía en higiene y AVD	- Supervisión de higiene y cambio de ropa. - Facilitar el arreglo personal - Dificultades en corte de pelo (protección) y cambio de ropa (tejidos). - Grupo de AVD. - Llave de habitación

EVOLUCIÓN DURANTE EL INGRESO: PIR

HABILIDADES SOCIALES Y CAPACIDAD DE AFRONTAMIENTO

Gran dificultad en habilidades sociales y en la expresión adecuada de emociones . Aislamiento social

OBJETIVOS:	ESTRATEGIAS
1-Facilitar y ejercitar HHSS y practicar la expresión adecuada de emociones 2-Generalizar las habilidades sociales a actividades externas	1-Grupo de habilidades sociales; grupos expresivos y actividades grupales de ocio y tiempo libre. 2-Actividades grupales externas: salidas culturales, piscina, Asociación Familiares

HABILIDADES OCUPACIONALES Y ORIENTACIÓN LABORAL

Colaboración en negocio familiar.

OBJETIVOS:	ESTRATEGIAS:
1- Mantener implicación en el negocio familiar, estructurando y adecuando su participación.	1-Agenda fin de semana, entrevistas familiares y seguimiento.
	2-Planificación y revisión de fin de semana.
2- Regularizar su participación en el negocio familiar	1-Coordinación Seguridad Social (Tesorería)
	2-Entrevista familiar informativa

EVOLUCIÓN DURANTE EL INGRESO: PIR

CONVIVENCIA FAMILIAR

No conflicto.
Sobreprotección materna.
Expectativas elevadas

OBJETIVOS:	ESTRATEGIAS
1-Mantener el apoyo y mejorar el conocimiento de la enfermedad, adecuar expectativas y reducir sobreprotección.	1- Seguimiento familiar, pautas de manejo (agenda fin de semana) y escuela de familias .
2-Apoyar y contener a la familia frenando la sensación de desesperanza	1-Seguimiento familiar, entrevistas familiares, reforzar aspectos positivos

EVOLUCIÓN DURANTE EL INGRESO: PIR

SITUACIÓN SOCIO-ECONÓMICA Y RESIDENCIAL

No ingresos económicos propios.

Autónomo para el manejo del dinero

Situación residencial: convivencia con padres.

OBJETIVOS:	ESTRATEGIAS:
1-Fomentar la independencia económica	1-Tramitación de la prestación familiar, hijo a cargo.
2-Mejorar situación económica a medio-largo plazo.	1- Regularización de situación laboral.

EVOLUCIÓN DURANTE EL INGRESO: PIR

ACTIVIDADES COMUNITARIAS

Falta de contacto social, aislamiento.

OBJETIVOS:	ESTRATEGIAS:
1. Facilitar la realización de actividades comunitarias supervisadas	1. Participación en natación, pistas, interacción con la comunidad.
2. Fomentar actividades de ocio en su medio los fines de semana	2. Participación en actividades de juventud del ayuntamiento.
3. Incorporación progresiva a actividades comunitarias en su medio	3. Coordinación y derivación a Asociación
	4. Prolongación de los días de estancia en domicilio.

FACTORES DE RIESGO

- **Cronificación de la grave clínica delirante.**

- RIESGO AUTOLÍTICO A MEDIO PLAZO.

- AISLAMIENTO SOCIAL + SOBREPROTECCIÓN FAMILIAR

ANÁLISIS DE LA DEMANDA EN PSICOLOGÍA CLÍNICA INFANTO-JUVENIL

CONCEPTO DE SALUD MENTAL INFANTO-JUVENIL

- CAPACIDAD DE ACCEDER A RELACIONES MUTUAMENTE SATISFACTORIAS Y MANTENERLAS

- PROGRESO EN EL DESARROLLO PSICOLÓGICO

- CAPACIDAD DE JUGAR Y APRENDER DE MANERA APROPIADA A LA EDAD Y NIVEL INTELECTUAL

- DESARROLLO DEL SENTIDO DEL BIEN Y DEL MAL

- EL MALESTAR Y DESADAPTACIÓN NO EXCEDE LOS LÍMITES DE EDAD Y CONTEXTO

PRINCIPIOS BASICOS DE INTERVENCION

- COMPRENDER AL NIÑO/JOVEN COMO UN TODO BIO-PSICO-SOCIAL-AFECTIVO
- VALORARLO COMO SER CON PERSONALIDAD ESPECIFICA
- APRECIAR EL CARÁCTER EVOLUTIVO DE SU DESARROLLO Y SUS TRASTORNOS
- VALORAR SU MAYOR PERMEABILIDAD A INFLUENCIAS DEL ENTORNO

PROGRAMA DE ATENCION A LA SALUD MENTAL INFANTO-JUVENIL, PESMA

DATOS DE ACTIVIDAD ASISTENCIAL

- 150 PACIENTES ATENDIDOS EN CONSULTA DE PC

- SEGUNDO SEMESTRE DEL AÑO

- BASE DE DATOS

BASE DE DATOS

- NºHª
- NOMBRE Y APELLIDOS
- FECHA DE NACIMIENTO
- DERIVACION NORMAL/PREFERENTE
- 1ª CONSULTA
- CENTRO ESCOLAR
- OTROS PROFRESIONALES
- IMPRESIÓN DIAGNOSTICA
- PRUEBAS
- ALTA

Demanda según grupos de edad

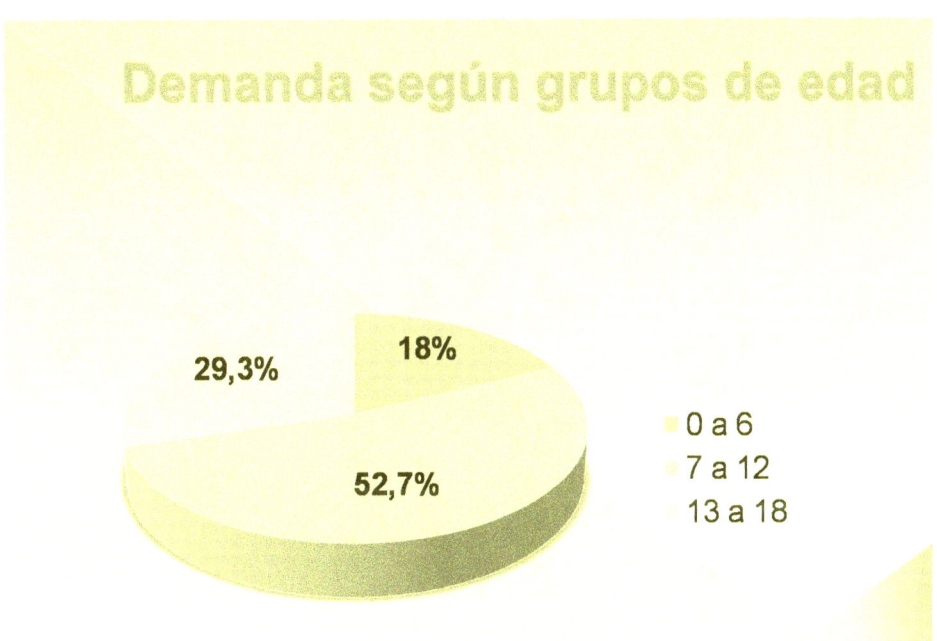

29,3% 18% 52,7%

- 0 a 6
- 7 a 12
- 13 a 18

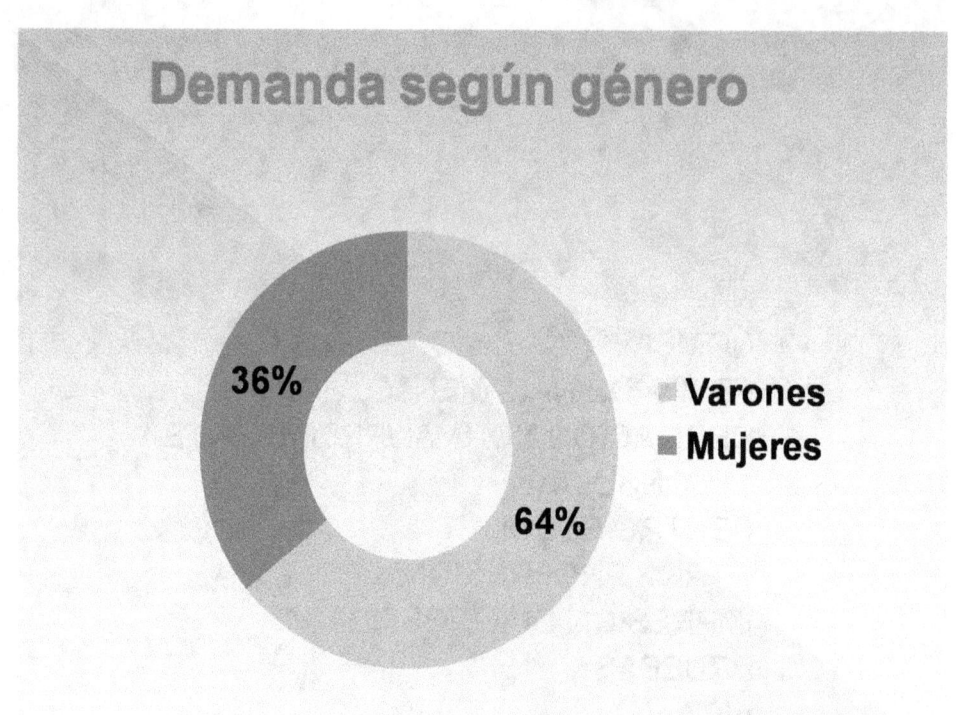

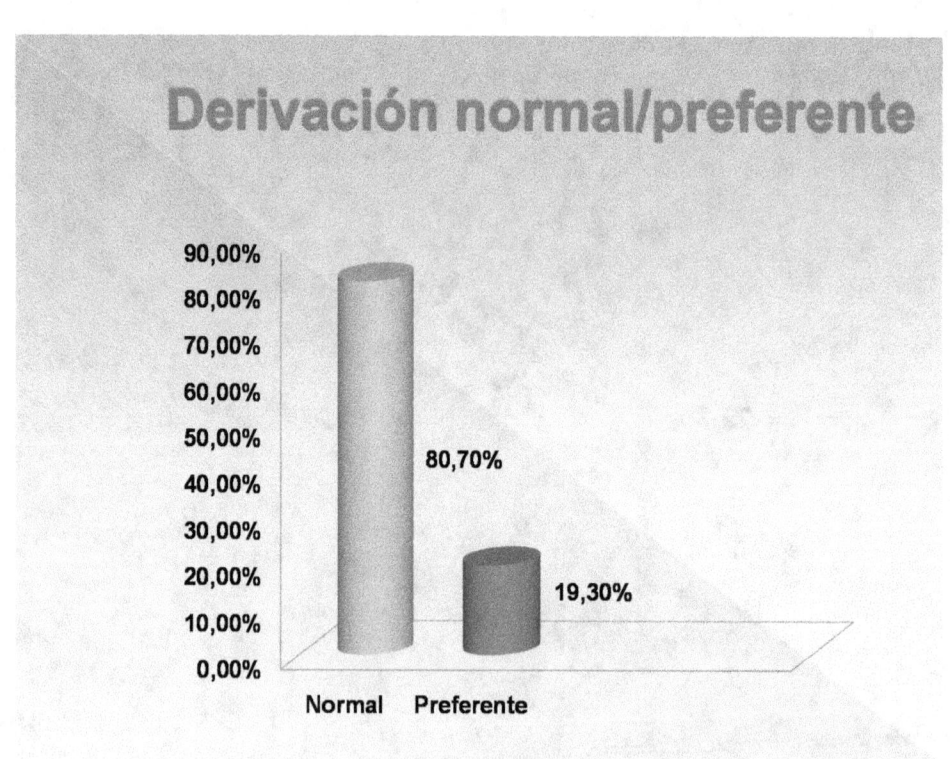

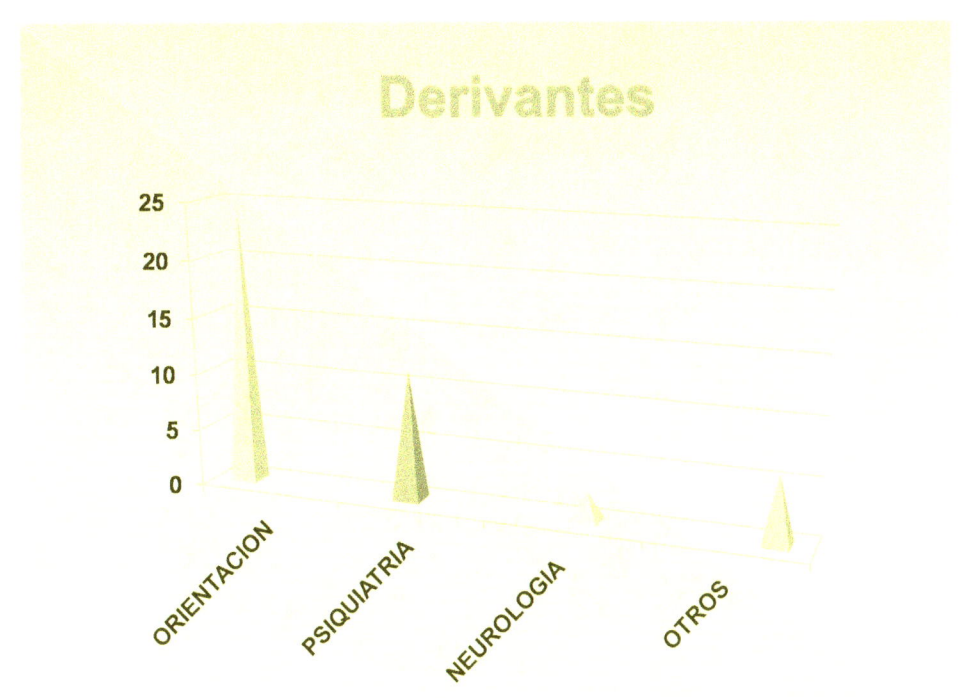

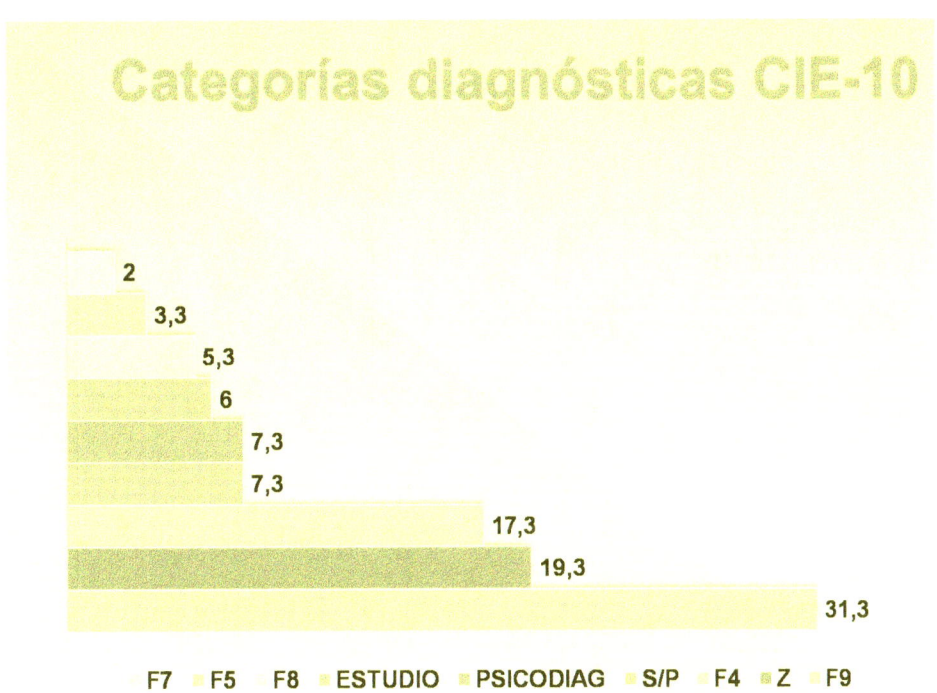

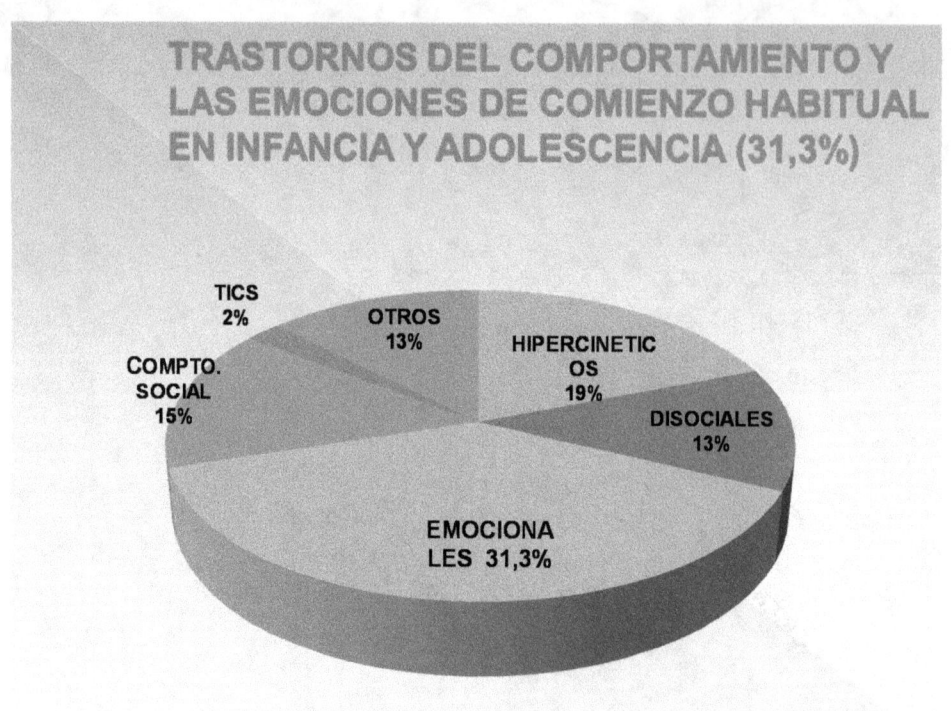

TRASTORNOS DEL COMPORTAMIENTO Y LAS EMOCIONES DE COMIENZO HABITUAL EN INFANCIA Y ADOLESCENCIA (31,3%)

TICS 2%
OTROS 13%
HIPERCINETICOS 19%
COMPTO. SOCIAL 15%
DISOCIALES 13%
EMOCIONALES 31,3%

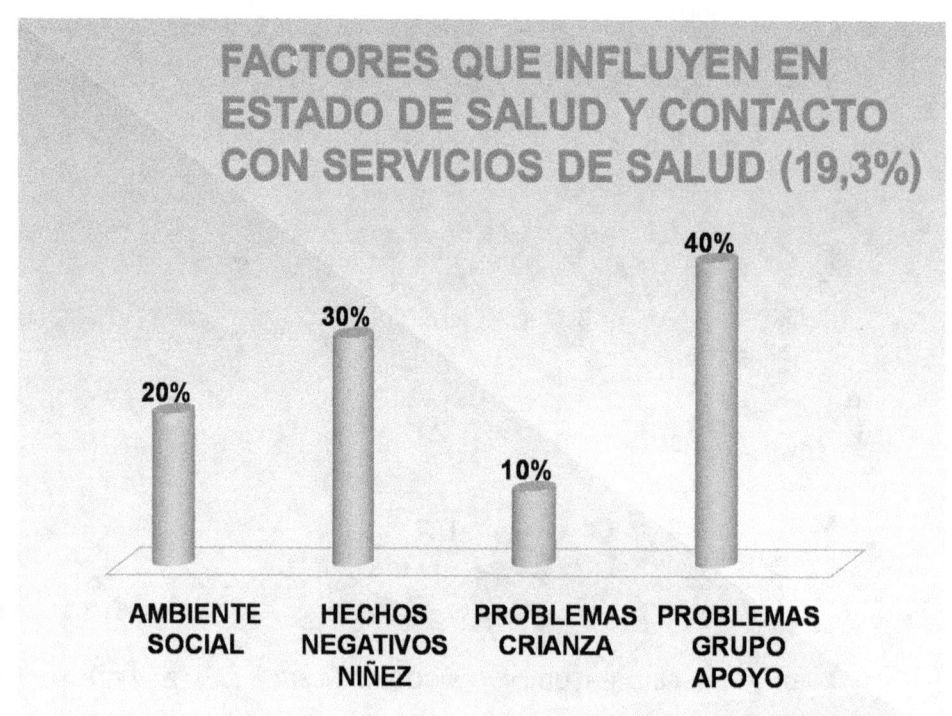

FACTORES QUE INFLUYEN EN ESTADO DE SALUD Y CONTACTO CON SERVICIOS DE SALUD (19,3%)

40%
30%
20%
10%

AMBIENTE SOCIAL
HECHOS NEGATIVOS NIÑEZ
PROBLEMAS CRIANZA
PROBLEMAS GRUPO APOYO

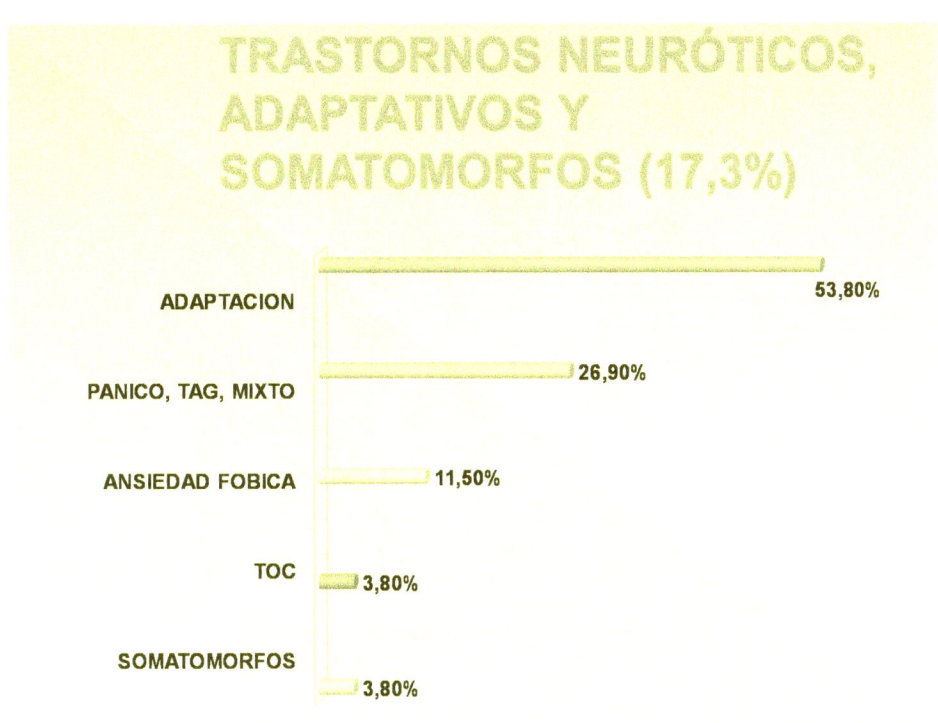

TRASTORNOS NEURÓTICOS, ADAPTATIVOS Y SOMATOMORFOS (17,3%)

ADAPTACION 53,80%

PANICO, TAG, MIXTO 26,90%

ANSIEDAD FOBICA 11,50%

TOC 3,80%

SOMATOMORFOS 3,80%

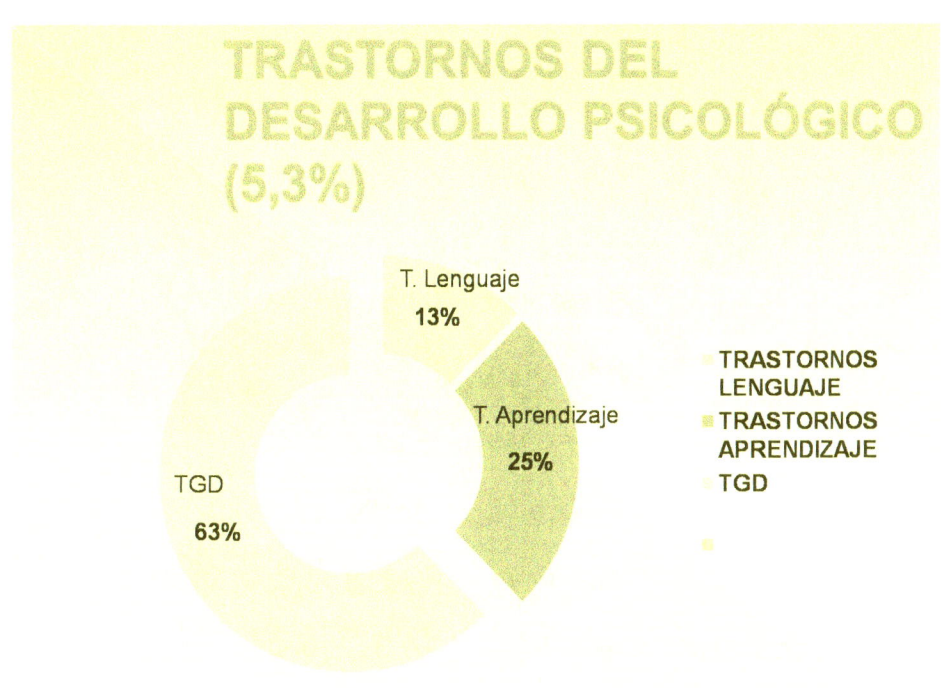

TRASTORNOS DEL DESARROLLO PSICOLÓGICO (5,3%)

T. Lenguaje 13%

T. Aprendizaje 25%

TGD 63%

TRASTORNOS LENGUAJE
TRASTORNOS APRENDIZAJE
TGD

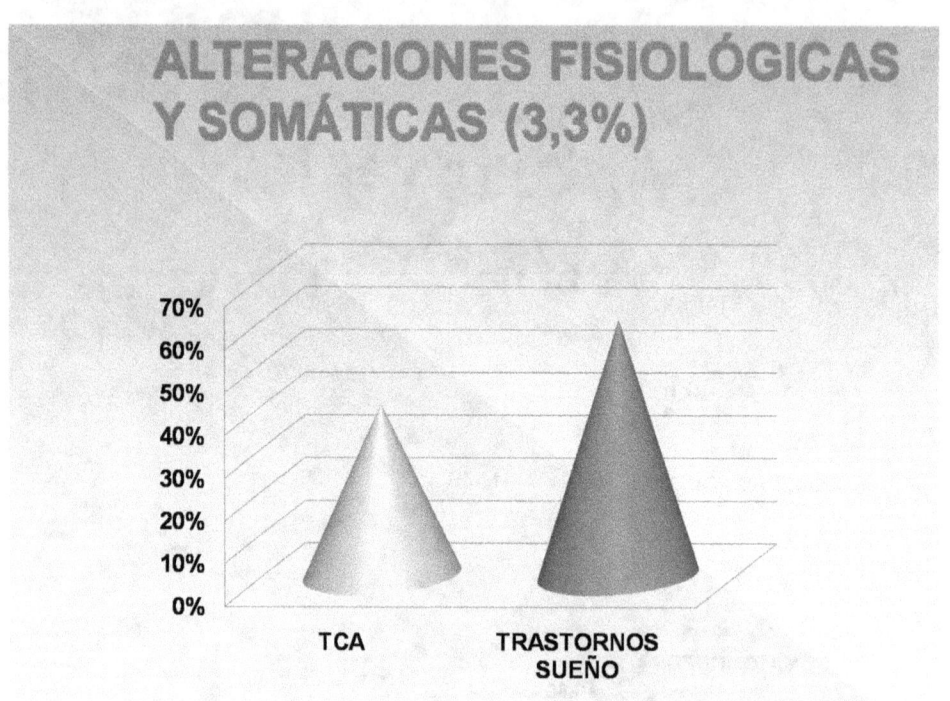

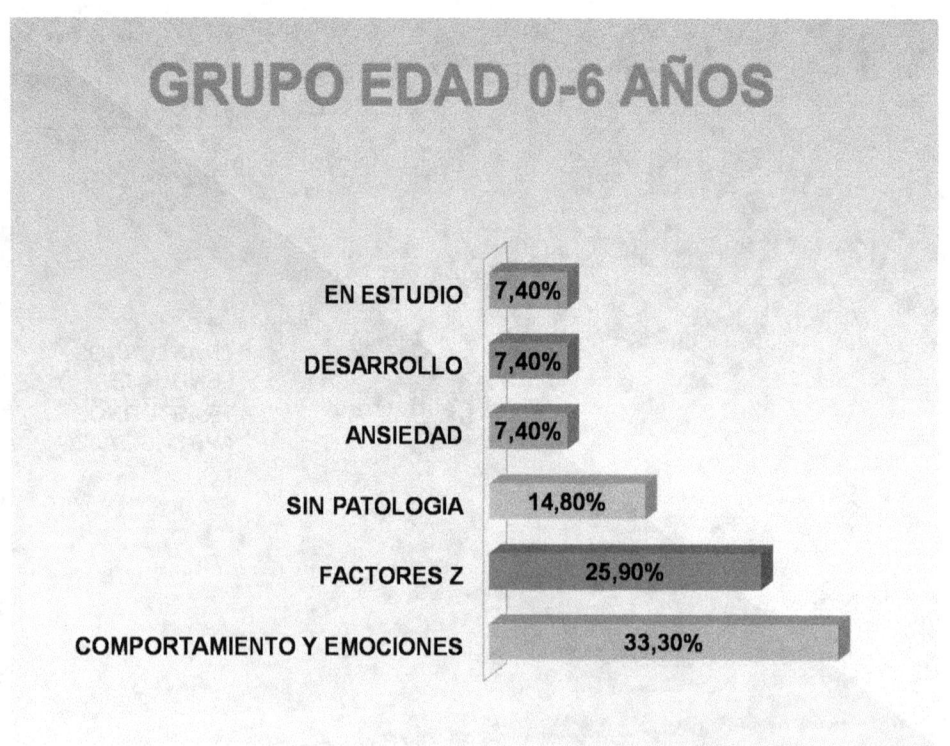

114

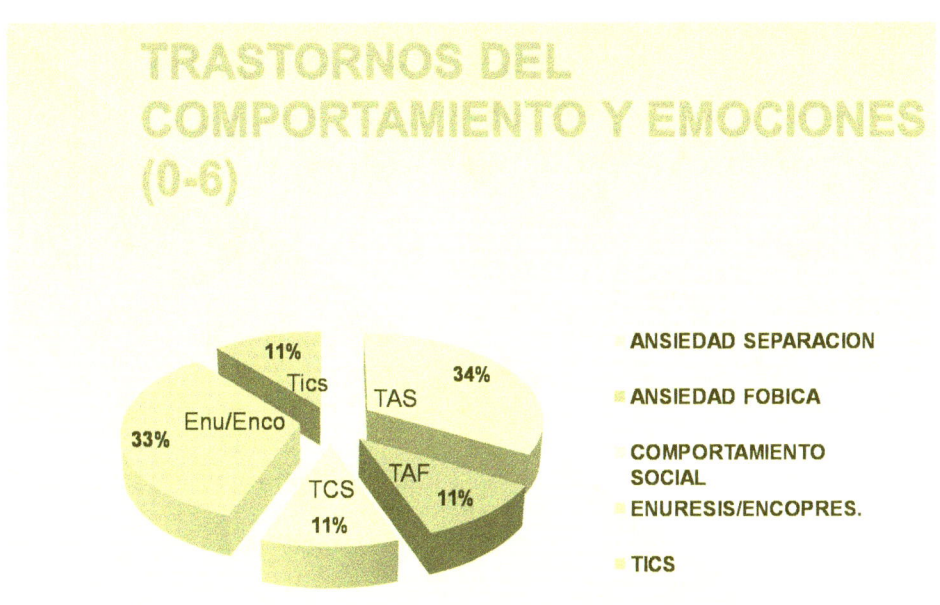

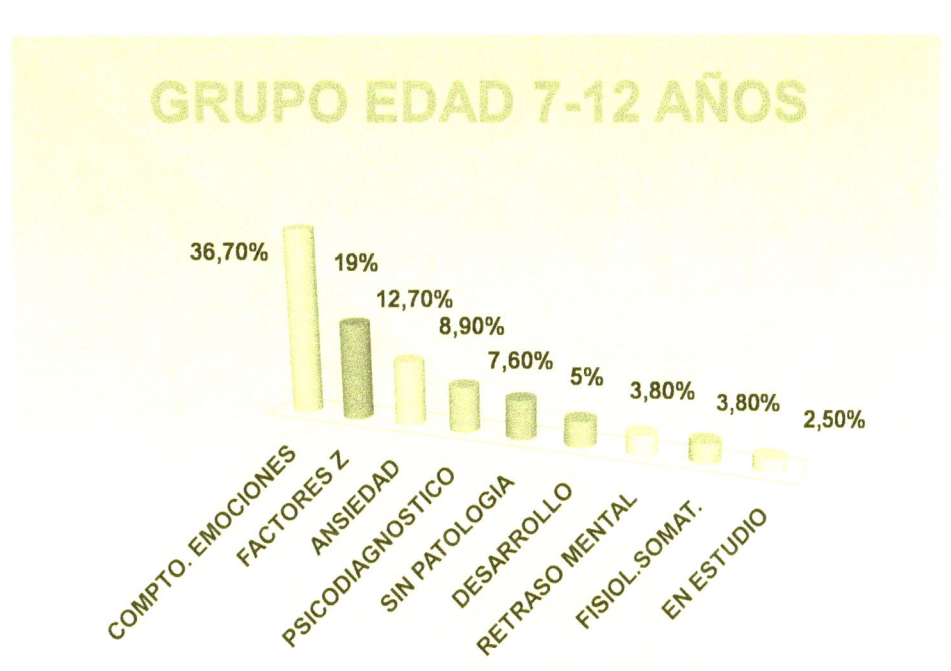

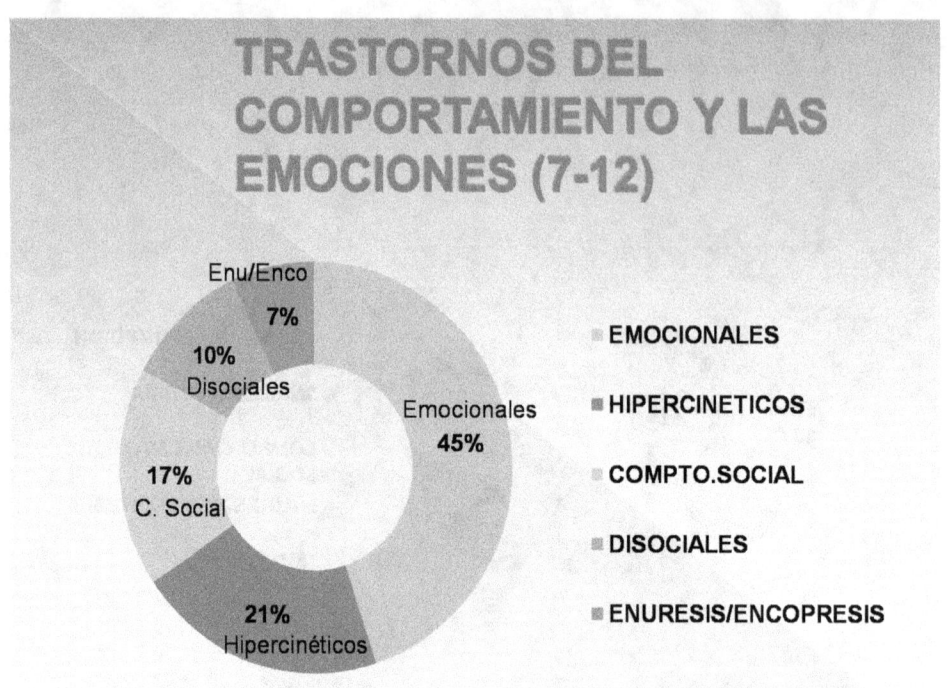

TRASTORNOS DEL COMPORTAMIENTO Y LAS EMOCIONES (7-12)

- EMOCIONALES
- HIPERCINETICOS
- COMPTO.SOCIAL
- DISOCIALES
- ENURESIS/ENCOPRESIS

Enu/Enco 7%
10% Disociales
17% C. Social
Emocionales 45%
21% Hipercinéticos

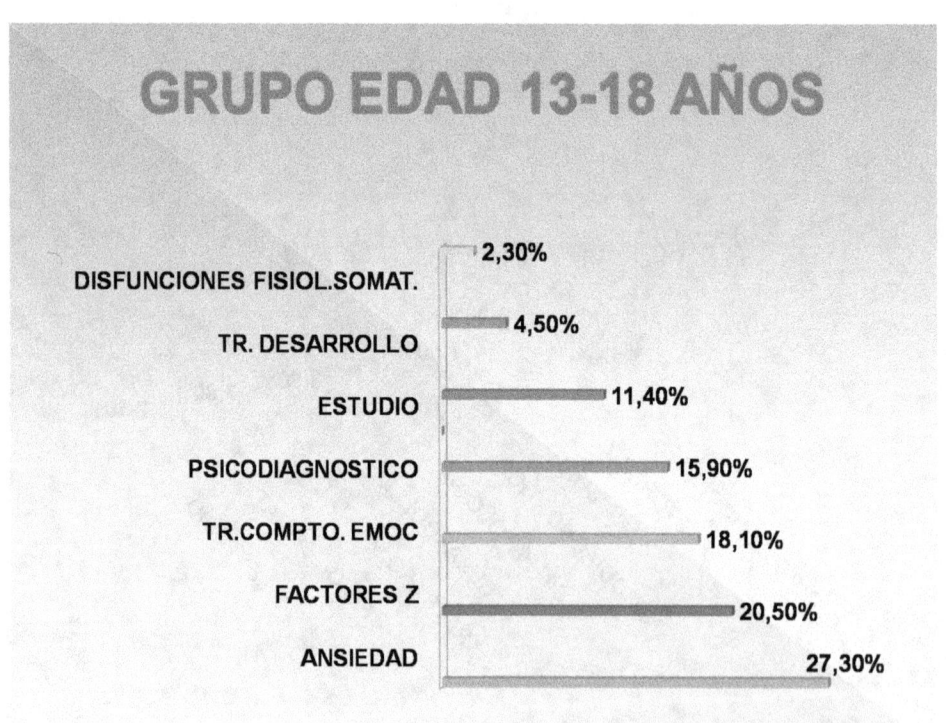

GRUPO EDAD 13-18 AÑOS

DISFUNCIONES FISIOL.SOMAT.	2,30%
TR. DESARROLLO	4,50%
ESTUDIO	11,40%
PSICODIAGNOSTICO	15,90%
TR.COMPTO. EMOC	18,10%
FACTORES Z	20,50%
ANSIEDAD	27,30%

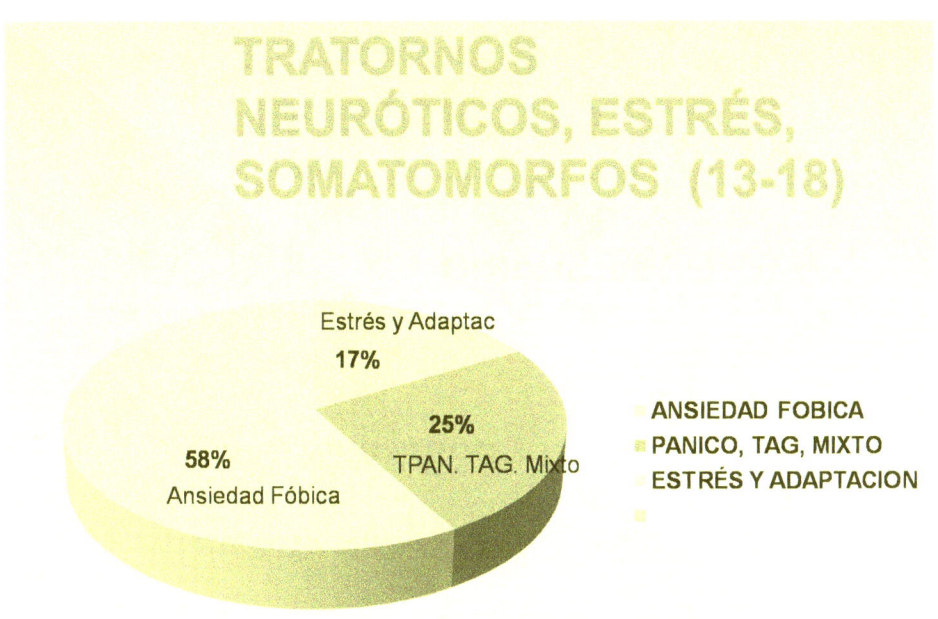

TRATORNOS
NEURÓTICOS, ESTRÉS,
SOMATOMORFOS (13-18)

Estrés y Adaptac
17%

25%
TPAN. TAG. Mixto

58%
Ansiedad Fóbica

ANSIEDAD FOBICA
PANICO, TAG, MIXTO
ESTRÉS Y ADAPTACION

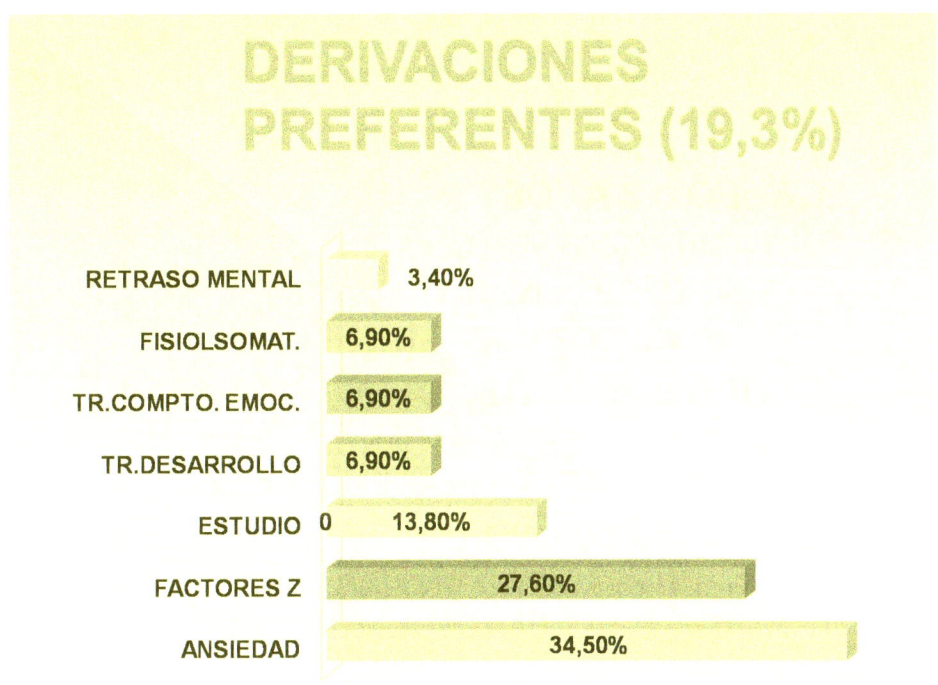

DERIVACIONES
PREFERENTES (19,3%)

RETRASO MENTAL	3,40%
FISIOLSOMAT.	6,90%
TR.COMPTO. EMOC.	6,90%
TR.DESARROLLO	6,90%
ESTUDIO	0 13,80%
FACTORES Z	27,60%
ANSIEDAD	34,50%

REFLEXIONES

PERFIL DE USUARIO:

- VARON
- 7-12 AÑOS
- TRASTORNO COMPORTAMIENTO Y EMOCIONES
- CAMBIOS ENTORNO SOCIOFAMILIAR

REFLEXIONES

GRUPO 0-6 AÑOS:
- 40% SIN PSICOPATOLOGÍA
- PREVENCIÓN PRIMARIA
- FILTRO Y CONTENCIÓN EN AT.PRIMARIA

GRUPO 0-12 AÑOS:
- PREDOMINIO DE TRASTORNOS DEL COMPORTAMIENTO Y LAS EMOCIONES.

GRUPO 13-18 AÑOS:
- PREDOMINIO DE TRASTORNOS DE ANSIEDAD, FUNDAMENTALMENTE ADAPTATIVOS

REFLEXIONES

- DERIVACIONES PREFERENTES: AUSENCIA DE CRITERIOS CLÍNICOS
- COORDINACIÓN CON ATENCIÓN PRIMARIA
  - PROCESO DE DERIVACIÓN
  - SUPERVISIÓN DE CASOS
  - INTERVENCIÓN ESPECIALIZADA
- COORDINACIÓN CON OTROS PROFESIONALES: ORIENTACIÓN

REFLEXIONES

IMPLICACIONES TERAPÉUTICAS:

- INTERVENCIONES PREVENTIVAS EN GRUPOS DE RIESGO: SEPARACIÓN PARENTAL, PASO AL IES, ADOLESCENCIA, INMIGRACIÓN, DÉFICIT EN HHSS
- INTERVENCIONES PSICOTERAPÉUTICAS GRUPALES EN TRASTORNOS ESPECÍFICOS Y FRECUENTES:
  ANSIEDAD SEPARACION, TRASTORNOS DE ANSIEDAD Y ADAPTATIVOS, TDAH
- PSICOEDUCACIÓN DE PADRES

Caso Clínico:
El Trastorno Obsesivo Compulsivo en niños/adolescentes.

CASO CLÍNICO

EL TRASTORNO OBSESIVO COMPULSIVO (TOC) EN NIÑOS/ADOLESCENTES

EL TOC EN NIÑOS

CASO CLÍNICO:
NIÑA DE 11 AÑOS

PRESENTACIÓN
VALORACIÓN
EVOLUCIÓN
DIAGNÓSTICO
TRATAMIENTO
REMISIÓN
ANEXO

PRESENTACIÓN

○ **DERIVACIÓN:**

De pediatría a Unidad de Salud Mental Infanto-Juvenil

Derivación ordinaria

○ **MOTIVO:** "Trastorno del sueño con intenso miedo a quedarse dormida, teniendo que hacerlo siempre cerca de sus padres, así como multitud de rutinas peculiares"

○ **FECHA:** Octubre

○ **ANTECEDENTES FAMILIARES:**
NO existen

○ **ANTECEDENTES PERSONALES:**
- Periodo Neonatal: Llanto frecuente, "ya era muy exigente"
- Cefaleas: valorada por especialista. Resultado: Normalidad
- No problemas alimentarios
- Pesadillas ocasionales
- Conducta de acceso y mantenimiento del sueño siempre irregular.

Buen nivel de rendimiento escolar
Practica tenis y natación (intenta dejarlos)
Campamento en agosto. Ahora no quiere ir a
una excursión.

DESCRIPCIÓN DE LA FAMILIA:

- ✓ "De mucho carácter"
- ✓ "Colaboradora y responsable"
- ✓ "Ordenada y aseada"
- ✓ "Cuando no controla algo, se angustia y le duele la barriga"

GENOGRAMA

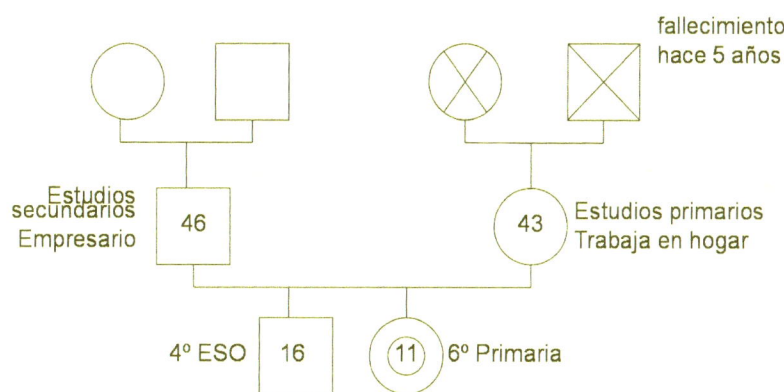

SINTOMATOLOGÍA

- Alteración del sueño
- Llanto, enfado…
- Tiende a aislarse
- No quiere ir al colegio
- Distanciamiento de las amigas
- Muy obstinada

- Tensa y reprimida
- Ansiedad (más intensa al ir a dormir)
- No reconoce "rutinas"
- Se niega a colaborar
- Racionalizadora ante los síntomas.

VALORACIÓN DIAGNÓSTICA

- Parece dominar en el cuadro la ansiedad fóbica y en consecuencia se inicia un tratamiento de tipo conductual; aproximación paulatina y muy gradual a la situación temida (acceso al sueño). Se intenta acordarlo con ella, se la contiene, facilitándole amplio apoyo psicoterapéutico.

- La madre/los padres son ampliamente asesorados, se les dan pautas de tipo psicoeducativo frente al problema.

PRESUNCIÓN DIAGNÓSTICA INICIAL

- Otros trastornos no orgánicos del sueño (F51.8; CIE10)

- Trastorno de ansiedad de separación en la Infancia (F93.0; CIE10)

- Trastorno disocial desafiante y oposicionista (F91.3; CIE10)

ABORDAJE TERAPÉUTICO PSICOLOGÍA CLÍNICA

- Historia familiar: trastornos similares, estilos educativos...
- Historia evolutiva del niño: hábitos, juegos, relaciones, miedos, coleccionismo...
- Exploración neuropediátrica si se sospecha organicidad
- Recoger datos sobre el comportamiento y rendimiento escolar
- Contener a la familia ("maniática")
- Orientar hacia una actividad más lúdica para la niña.
- Si es posible, evitar la medicación. Si no lo fuera, solicitar colaboración psiquiátrica.

EVOLUCIÓN

○ Tras un tiempo de intervención, escasos avances y periodo de espera por parte de la familia, solicitan consulta que atendemos en el día, por crisis de llanto incontenible por la noche.

○ La niña comienza a "hablar": "no quiero dormir...tu solo puedes ayudarme si haces que no duerma..."

○ Descubre algunos temores. vudú, brujería, accidentes...

○ Alude a algunos rituales (saltos al ir a dormir, dejar el libro tres veces...) y "amuletos" (objetos del hermano, medallas...) que en ese momento "le han fallado".

EVOLUCIÓN

○ La crisis ha favorecido el cambio y la toma de conciencia (insight)

○ La niña entra en contacto con su mundo interno fuertemente reprimido y empieza a comunicar/ liberar/compartir en un acto interpersonal de escucha y encuentro: La terapia.

○ La aceptación/relación con la terapeuta se ha definido ("Ayuda").

○ Solicitamos colaboración psiquiátrica (alta ansiedad/sueño): prescribe psicofármaco que se mantiene unos pocos meses.

EVOLUCIÓN

- Aún sigue presente lo fóbico con desarrollo evitativo y anticipador, pero el TOC se presenta cada vez más explícitamente y se puede ir trabajando sobre ello en el marco de la psicoterapia.

- En este 2º periodo la intervención es de corte psicodinámico, sin abandonar las estrategias cognitivo-conductuales.

- Vamos identificando sus obsesiones (para la niña "tontadas", también para nosotros desde que las designó así) y sus compulsiones ("manías").

- **"TONTADAS" (OBSESIONES)** algunas de las señaladas por la niña:

  - "Mi madre se va a quedar embarazada"
  - "A mi madre y a mí nos van a violar"
  - "Mi padre va a tener un accidente"
  - "Me voy a ahogar"
  - "Algo malo va a pasar a mi familia si no lo hago (el ritual)"
  - "Mi familia y yo nos vamos a morir"
  - "Tengo una cosa aquí (frente)"
  - "Voy a suspender, no me lo sé"
  - "No me voy a dormir"
  - "Alguien va a venir por la noche (drogadicto, ladrón...)"

○ **"MANIAS" (COMPULSIONES, RITUALES...)**

- Acostarse dando saltitos
- Juntar las rodillas en la cama tres veces
- Dar vueltas sobre sí misma
- Dar vueltas alrededor de un objeto
- Desplazarse de un lugar a otro haciendo curvas
- Lavarse las manos de una forma determinada
- Hacer con las manos un gesto, "nudos"
- Posar el jabón de una forma determinada
- Tocar tres veces los objetos antes de cogerlos
- Hacer unos desplazamientos de la almohada antes de levantarse.

- Poner los pies en el suelo al levantarse en un orden y manera precisa
- Respirar hondo tres veces cada cierto tiempo (hasta 60 veces/día)
- Olerse las manos
- Poner un punto en sus escritos cada cierto tiempo con una pauta fija
- Repetir mentalmente frases o palabras específicas, cada cierto tiempo ("!Qué asco!")
- Contar números mentalmente
- Hacer mentalmente tres veces tres golpecitos

(Obsesiones y Compulsiones cumplen criterios CIE-10)

ANSIEDADES PROFUNDAS

(Generadoras y asociadas al cuadro):

- El sexo (en los padres y en ella misma)
- El abandono. La orfandad.
- La indefensión y la incompetencia
- La autonomía ("el miedo a crecer")
- La muerte (con sus diversas connotaciones, pérdida, duelo, dudas existenciales...)

- Una frase: "no podré tener hijos si hago eso, si mis padres se mueren y yo soy así quien los va a proteger..."

- Sus sueños van en la misma línea de los anteriores contenidos temáticos y emoción.

- Durante las sesiones (más intensas) de terapia, el llanto acompaña sus verbalizaciones. También dibuja espontáneamente en los papeles que hay sobre la mesa, rizos, lazos, puntos... a modo de descarga de la tensión (siempre reiterando el mismo modelo).

DIAGNÓSTICO FINAL

○ Trastorno Obsesivo-Compulsivo con mezcla de pensamientos y actos obsesivos (F42.2; CIE10)

TRATAMIENTO APLICADO

○ **TERAPIAS:**

❖ **Psicofármacos**
(brevemente como tratamiento coadyuvante)

❖ **Psicoterapias:**

➢ **Modelo Cognitivo-Conductual**
  ✓ Reestructuración cognitiva
  ✓ Exposición (en vivo e imaginada)
  ✓ Evitación de Respuesta
➢ **Modelo Terapia Familiar**: Estructuración
➢ **Modelo de Terapia Racional-Emotiva:**
  Pensamientos irracionales

TRATAMIENTO APLICADO

Modelo Psicodinámico. Objetivos:

Hacer consciente lo inconsciente (pulsiones, ansiedades, temores, fantasías…) elaborarlo y asumirlo.

Flexibilizar sus mecanismos defensivos (negación, intelectualización, racionalización…).

En suma, fortalecimiento yoico frente a un superyó que se muestra en esta niña/adolescente muy rígido e hipertrofiado.

REMISIÓN

CAMBIOS VITALES:

Autonomía total de sueño. Con frecuencia duerme fuera de casa.

Los padres pueden viajar solos y hacer otras actividades también solos.

Incrementa la autonomía personal en general

Amplía amistades (chicas/os) y actividades de ocio. Se divierte.

Éxito escolar (instituto) y artístico (premio)

Aparece la regla y es vivida "sin agobio"

Cambia su imagen, se arregla y adorna

○ **SINTOMAS**:

- Desaparecen casi todos
- Queda alguna "tosecilla-respiración" muy automatizada, distanciada y que no le crea malestar emocional.
- También repite mentalmente palabras, "alguna vez, muy pocas".

○ **PERSONALIDAD**: Sigue siendo una chica "de mucho carácter"

ANEXO

. CARACTERISTICAS DEL TOC EN NIÑOS/ADOLESCENTES
. ABORDAJE EN PSICOLOGIA CLÍNICA DEL TOC (INFANCIA/ADOLESCENCIA)

○ **LINEAS BÁSICAS**
○ **INSTRUMENTOS DE DIAGNÓSTICO: CUESTIONARIOS Y TESTS.**

EL TOC EN NIÑOS/ADOLESCENTES: CARACTERÍSTICAS

RASGOS DE PERSONALIDAD

- Perfeccionismo que interfiere con las tareas.
- Atención a los detalles, normas, órdenes, horarios, "el orden"...
- Excesiva dedicación escolar, "los rendimientos"...lo que le dificulta hacer amigos y realizar actividades lúdicas, que suelen rechazar
- Competitividad y alta autoexigencia ("los sobresalientes")
- Demasiado cumplidor y responsable, a veces funciona como "parental" frente a los hermanos.
- Con tendencias rígidas sobre lo que hay que hacer. Reprimido.

EL TOC EN NIÑOS/ADOLESCENTES: CARACTERÍSTICAS

- Gran sentido de los valores, pero poco generoso, cuida mucho lo que da a otros...
- Indeciso y vacilante, pierde demasiado tiempo en las tareas.
- Con dificultad para expresar afectos y pulsiones.
- No le gusta desprenderse de objetos usados. Algunos son acumuladores.
- Insistencia excesiva en hacer las cosas "a su modo" e igualmente a que los demás lo hagan. No les gustan los cambios.
- Gran inseguridad personal, vulnerabilidad, no asertividad y débil autoestima.

EL TOC EN NIÑOS/ADOLESCENTES: CARACTERÍSTICAS

○ **OBSESIONES:**

- Ideas, pensamientos, imágenes, impulsos persistentes que se experimentan como invasores y sin sentido.
  - ✓ De ser dañado o dañar
  - ✓ De carácter catastrofista
  - ✓ De tipo sexual
- Se pretenden ignorar o suprimir y aparecen rituales.
- Puede reconocer que provienen de su mente, si es ya algo maduro.

EL TOC EN NIÑOS/ADOLESCENTES: CARACTERÍSTICAS

○ **COMPULSIONES:**

- Conducta intencionada frente a las obsesiones o automatizada como ritual
- La conducta se crea para anular el malestar ante la situación temida
- No es realista o es excesiva
- Puede reconocer que es irracional, pero busca nuevos argumentos para mantenerla.

❖ Las obsesiones y compulsiones interfieren en su vida social y en el rendimiento.

ABORDAJE EN PSICOLOGIA CLINICA DEL TOC (NIÑO/ADOLESCENTE): LINEAS BÁSICAS

La <u>Evaluación diagnóstica</u> debe ser integral e incluir la apreciación de los aspectos fundamentales de la persona. No debe faltar:

- ✓ Capacidades Cognitivas
- ✓ Personalidad (estructura y dinámica)
- ✓ Adaptación (muy importante en niños)
- ✓ Funciones neuropsicológicas
- ✓ Síntomas y dimensiones psicopatológicas

ABORDAJE EN PSICOLOGIA CLINICA DEL TOC (NIÑO/ADOLESCENTE) LINEAS BÁSICAS

<u>Terapias</u>:

- De tipo Cognitivo-Conductual (contratos, registros…)
- Los abordajes de tipo Psicodinámico
- Siempre las intervenciones de familia con modelo de terapia familiar, sistémica o estructural.

- Destacamos la importancia de un buen diagnóstico diferencial; discernir si existe algún trastorno severo de base: Psicosis, Asperger…

  Si es posible, evitar la medicación. Si no lo fuera, solicitar colaboración psiquiátrica.

ABORDAJE EN PSICOLOGIA CLINICA DEL TOC (NIÑO/ADOLESCENTE):
INSTRUMENTOS DIAGNÓSTICOS: CUESTIONARIOS Y TESTS

> **Cuestionario de Ansiedad Infantil (CAS):**
> Valora el nivel de ansiedad general.
> Adecuada primeros años.

> **Escala de Ansiedad manifiesta en niños (CMAS-R):**
> Valora el nivel y naturaleza de la ansiedad:
> - ✓ Ansiedad fisiológica
> - ✓ Inquietud/hipersensibilidad
> - ✓ Preocupaciones sociales/concentración
> - ✓ Mentira
>
> Es adecuada para niños y jóvenes hasta 19 años.

ABORDAJE EN PSICOLOGIA CLINICA DEL TOC (NIÑO/ADOLESCENTE):
INSTRUMENTOS DIAGNÓSTICOS: CUESTIONARIOS Y TESTS

> **Cuestionario de Ansiedad Estado/Rasgo (STAIC):**
> Evalúa ansiedad como estado transitorio o como rasgo latente.

> **Cuestionario de autocontrol Infantil y Adolescente (CACIA):**
> Valora cuatro factores:
>
> - ✓ Retroalimentación personal
> - ✓ Retraso de recompensa
> - ✓ Autocontrol procesal
> - ✓ Autocontrol Criterial
> - ✓ Sinceridad

ABORDAJE EN PSICOLOGIA CLINICA DEL TOC (NIÑO/ADOLESCENTE):
INSTRUMENTOS DIAGNÓSTICOS: CUESTIONARIOS Y TESTS

> **Inventario Obsesivo-Compulsivo de Maudsley (MOCY)**

Existe adaptación al castellano (Ávila, 1986) y puede obtener información sobre cuatro áreas distintas, así como una puntuación global:

- ✓ Comprobación
- ✓ Limpieza
- ✓ Enlentecimiento
- ✓ Duda

Los resultados deben entenderse como una medida de la intensidad de los comportamientos obsesivo-compulsivos.

ABORDAJE EN PSICOLOGIA CLINICA DEL TOC (NIÑO/ADOLESCENTE):
INSTRUMENTOS DIAGNÓSTICOS: CUESTIONARIOS Y TESTS

> **Inventario de Obsesiones y compulsiones de Yale Brown (Y-BOCS):**

Se considera muy adecuada para valorar los síntomas y la mejor medida para la cuantificación de la severidad. No diagnostica TOC, ya que no existen puntos de corte.

Además de la puntuación total se pueden obtener otras dos: Severidad de síntomas obsesivos y severidad de síntomas compulsivos.

En Clínica Infanto-Juvenil solo puede aplicarse en jóvenes.

Existe una versión infantil (CY-BOCS) no disponible.

❖ Es recomendable utilizar junto a éstos algún cuestionario de **depresión** en niños, **CDS, CDI...**

ABORDAJE EN PSICOLOGIA CLINICA DEL TOC (NIÑO/ADOLESCENTE):
INSTRUMENTOS DIAGNÓSTICOS: TESTS PROYECTIVOS

○ **OBJETIVOS DE LOS TESTS PROYECTIVOS:**

- Estados Internos: identificar fantasías, ansiedades y su naturaleza, necesidades e intereses...
- Percepción/reacción frente a figuras significativas
- Capacidades yoicas
- Nivel madurativo emocional, moral...
- Dinámica: motivación, conflictos y defensas con ellos relacionados.
- Imagen de si mismo, del mundo, de las relaciones humanas...

ABORDAJE EN PSICOLOGIA CLINICA DEL TOC (NIÑO/ADOLESCENTE):
INSTRUMENTOS DIAGNÓSTICOS: TESTS PROYECTIVOS

T. GRÁFICOS:
- T. del Dibujo de la Figura Humana
- T. del Dibujo de la Familia
- T. Casa-Árbol-Persona (HTP)
- T. del Árbol (Koch, Stora...)

T. RELATOS:
- Fábulas de Düss (incluir T. Desiderativo a final)
- Test de Apercepción: TAT,CAT-H, CAT-A (Murray y Bellack)
- Test de Frustración de Rosenzweig
- Test "Pata Negra" de L. Córman

T. RORSCHACH

ABORDAJE EN PSICOLOGIA CLINICA DEL TOC (NIÑO/ADOLESCENTE):
INSTRUMENTOS DIAGNÓSTICOS: TESTS PROYECTIVOS

T. DE RORSCHACH presentación en niños/jóvenes TOC:

- Elevado Nº de Respuestas ("cumplir con el deber")
- Énfasis en la Forma (F) (donde se refugian/aíslan)
- Pocas respuestas de Movimiento (M) (rigidez y pobreza ideativa)
- Elevado Forma+% (ser "objetivo y preciso")
- Elevado nº de respuestas de Detalle inusual (Dd) y de Detalle humano (Hd) ó de Detalle animal (Ad) (meticulosidad)
- Con frecuencia respuestas de Espacio en Blanco (S) (expresión de negativismo y terquedad)
- Se elevan las respuestas Globales (W) (intelectualización, percepciones globales…)

ABORDAJE EN PSICOLOGIA CLINICA DEL TOC (NIÑO/ADOLESCENTE):

T. DE RORSCHACH presentación en niños/jóvenes TOC:

- Actividad organizativa (Zd) alta (pensar rumiador)
- Lenguaje rebuscado, descripciones…
- Puede ser alto el índice de abstracción: contenidos abstractos, contenidos artísticos, contenidos antropológicos (2AB+Art+Ay) (intelectualización, evasión…)
- Posible énfasis en respuestas de forma-color (FC) (control emotivo, cumplir…)
- Respuestas de contenido benigno tras otras de contenido maligno (culpa, reparación…)
- Actitud colaboradora
- Respuestas "O" y repeticiones (dudas, vacilaciones…)

ABORDAJE EN PSICOLOGIA CLINICA DEL TOC (NIÑO/ADOLESCENTE):
INSTRUMENTOS DIAGNÓSTICOS

- NO DEBE OLVIDARSE LA ENTREVISTA SEMIESTRUCTURADA/INFORMAL, ASI COMO EL JUEGO DIAGNÓSTICO Y LAS MANIFESTACIONES ESPONTÁNEAS Y LIBRES DE LOS NIÑOS.

BIBLIOGRAFIA

- O.M.S. (1992) Décima Revisión de la Clasificación Internacional de las Enfermedades. Trastornos Mentales y del Comportamiento. (CIE10). Meditor.

- Ajuriaguerra, J. Manual de Psiquiatria Infantil. Ed. Toray-Masson, S.A., Barcelona. 1972

- Gutiérrez Casares, J.R. y Rey Sánchez, F. (coordinadores) y otros. Planificación Terapéutica de los Trastornos Psiquiátricos del Niño y del Adolescente. SB SmithKline Beecham (Edición de carácter no venal). 2000

- Vera Campo. Estudios clínicos con el Rorschach en niños, adolescentes y adultos. Ediciones Paidós. 1995

143

SOBRE LA IDENTIDAD DE GÉNERO

OBJETIVOS DE LA SESIÓN CLINICA

- Profundizar en el estudio una problemática -la transexualidad- un tanto novedosa y poco conocida entre la comunidad sanitaria. Su análisis exige reflexión, cuestionamiento de esquemas mentales establecidos...
- Conocer los recursos creados en el marco sanitario para la atención y tratamiento de transexuales así como la normativa promulgada a la que ajustarse. De interés para los profesionales de salud mental implicados.
- Reforzar la motivación del profesional aprovechando la oportunidad del momento histórico en el que se reconocen legalmente derechos del colectivo transexual.

ENCUADRE PARA EL ESTUDIO DEL CASO DE TRANSEXUALIDAD

- Desde el punto de vista clínico

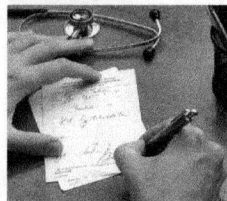

- Desde el punto de vista jurídico

146

ALGUNOS CONCEPTOS PREVIOS

TRASTORNO DE IDENTIDAD SEXUAL

Hace referencia a un conjunto de situaciones clínicas que comparten todas ellas la existencia de malestar persistente en la persona en relación a su identidad genérica, su sexo biológico o su rol sexual.

TRANSEXUALIDAD

Consiste en el deseo de vivir y ser aceptado como un miembro del sexo opuesto, que suele acompañarse por sentimiento de malestar o desacuerdo con el sexo anatómico propio y de deseo de someterse a tratamiento quirúrgico u hormonal para hacer que el propio cuerpo concuerde lo más posible con el sexo preferido (CIE 10, Clasificación Internacional de las Enfermedades. Trastornos Mentales y del Comportamiento. O.M.S.)

SEXO BIOLÓGICO

Hace referencia a las características anatómicas y fisiológicas que indican si se es hombre o mujer. Incluye conceptos de sexo genético, sexo gonadal y sexo fenotípico.

ALGUNOS CONCEPTOS PREVIOS

ROL SEXUAL

Hace referencia a la identificación del individuo con ciertas conductas consideradas como típicas de hombres o de mujeres.

DISFORIA DE GÉNERO

Malestar intenso y duradero respecto al propio sexo biológico con sentimientos de marcada inadecuación ante el mismo.

* En el ámbito clínico es importante distinguir los trastornos relacionados con la identidad sexual de los relacionados con la inclinación sexual.

Y tener en cuenta que la disforia y el sufrimiento pueden ser intensos hasta ocasionar la mortalidad por suicidio (tasa más elevada en esta población que en la población general).

Y CUESTIONAMIENTOS...

- Por lo que respecta a la Transexualidad, existe un debate social sobre la desclasificación y despatologización de ésta. Diversos colectivos luchan para que se excluya esta categoría de los manuales de diagnóstico (DSM y CIE), alegando que la misma no es un trastorno ni una enfermedad aunque sí un estado no saludable que genera a la persona un profundo malestar, sufrimiento y dolor, por lo que, en dicho sentido, se acepta que afecta al ámbito sanitario.
- Consideran los términos de disforia de género y trastorno de identidad de género como poco adecuados e imprecisos.
- Frente al paradigma de la enfermedad, surge el paradigma de los derechos humanos.

DESDE LA CLÍNICA: DERIVACIÓN

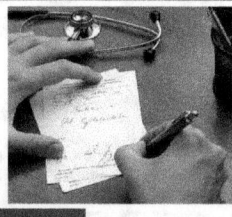

- De Médico Atención Primaria a Psicología Clínica de Centro de Salud Mental de zona, con carácter preferente.

- Motivo: "Trastorno de identidad sexual. Ruego valoración."

- Previamente había acudido a Endocrinología de Ambulatorio de zona y al Servicio de Endocrinología y Nutrición de Hospital General donde se recomienda acudir previamente al C.S.M. mediante derivación del médico de familia. Se indica que se solicite informe y se entregue al Servicio de Endocrinología para proseguir tratamiento.

  Se pretendía que se realizara el diagnóstico que fuera inicio y entrada al proceso de cambio de sexo morfológico (y legal) solicitado, por una persona presumible transexual.

  Esto se sustenta en el acuerdo siguiente:

ACUERDO:

- El Consejo Interterritorial de la Sanidad Nacional del Salud acuerda en Diciembre de 2007 que la Transexualidad sea atendida en centros públicos o en unidades de referencia.

- Y que dicha atención sea incluida a partir de 2008 en la cartera de servicios comunes del Sistema Nacional de Salud

  La atención sanitaria irá dirigida a la reasignación de sexo asumiéndose que la atención corresponde a un equipo multidisciplinar.
  Tras la decisión, en algunas Comunidades Autónomas se crean Unidades de Trastorno de la Identidad de Género:

  - Comunidades en las que existe un equipo multidisciplinar que aporta un tratamiento integral en la Unidad de referencia: Andalucía y Madrid.
  - Comunidades donde se ofrece cobertura sanitaria sin Unidad de referencia: Asturias, Aragón, Cataluña.

HISTORIA CLÍNICA: Datos de interés

- Embarazo deseado. Por amenaza de aborto, la madre precisó de reposo y tratamiento farmacológico.
- Parto a su tiempo y normal.
- Periodo neonatal: mala comedora. Ingreso a los 14 meses por gastroenteritis.
- Desarrollo psicomotor normal.
- Leves dificultades de aprendizaje escolar, sin repeticiones de curso. Finaliza la ESO.
- Actualmente estudia un módulo de la rama de Imagen.

ANTECEDENTES

- No antecedentes familiares de interés.
- Antecedentes personales:

Consulta previa en Centro de Salud Mental Infanto-Juvenil a los 11 años. Motivo: conflictos escolares, dificultades de aprendizaje, llanto sin motivación aparente, comportamiento infantil.

Atendida 6 meses. Remisión.

Consta una evaluación intelectual con Escala de Wechsler en la que se obtienen los siguientes cocientes: CIV=103; CIM=101; CIT=102

INTERVENCIÓN PSICOLÓGICA ESPECIALIZADA

A. **Fase Diagnóstica**:

-Exploración psicológica/psicopatológica
-Evaluación mediante tests
-Formulación diagnóstica
-Emisión de Informe Clínico

B. **Fase de tratamiento**:

-Tratamiento psicológico durante el proceso previo y/o en las fases médicas de hormonación y quirúrgica
-Tratamiento psicológico post-quirúrgico (recomendable)

FASE DIAGNÓSTICA:
CONSIDERACIONES SOBRE EL DIAGNÓSTICO

- El proceso diagnóstico es el eje central de la intervención, ya que el tratamiento completo (si se realiza) es irreversible y no todas las personas que demandan un cambio de sexo son transexuales.

- El diagnóstico adecuado es uno de los predictores de satisfacción post-quirúrgica en estos casos.

- La realización del diagnóstico requiere:

CONSIDERACIONES SOBRE EL DIAGNÓSTICO

A.- DIAGNÓSTICO DIFERENCIAL

Para identificar claramente la transexualidad y descartar otras patologías como:

- Otros trastornos de la identidad sexual (F64.8; CIE10)
- T. Específicos de personalidad (adultos) (F60 y F61; CIE10)
- Esquizofrenia (F20; CIE 10)
- Otros Trastornos psicóticos no orgánicos (F28; CIE10)
- Episodios depresivos (F32; CIE10)

También debe explorarse la existencia de otras psicopatologías.

CONSIDERACIONES SOBRE EL DIAGNÓSTICO

B.- LA VALORACIÓN DE COMORBILIDAD

El diagnóstico la incluye si bien los estudios sugieren que el trastorno de identidad sexual -TRANSEXUALIDAD- suele presentarse como diagnóstico único o con los diagnósticos secundarios de trastorno de adaptación y/o trastorno por abuso de sustancias.

C.-EMISIÓN DEL DIAGNÓSTICO DE DISFORÍA DE GÉNERO

CONSIDERACIONES SOBRE EL DIAGNÓSTICO

D.- EL INFORME

. El Informe ha de ser emitido por Médico Psiquiatra o Psicólogo Clínico debidamente colegiados.

. Ha de hacer constar el diagnóstico de disforia de género (presencia) haciendo referencia a:

- La existencia de disonancia entre el sexo morfológico (o género fisiológico) y la identidad de género sentida (o género psicosocial) así como la persistencia de esta disonancia

- La ausencia de trastorno de personalidad que pudiera influir de forma determinante en la existencia de la disonancia señalada

(Ley de Rectificación Registral de la Mención Relativa al Sexo de las Personas)

MÉTODO DE EXPLORACIÓN PSICOLÓGICA/PSICOPATOLÓGICA

A.- Entrevistas Clínicas iniciales (dos sesiones consecutivas de 50 minutos). Atendiendo a:

- Datos Biográficos
- Rasgos de personalidad
- Evaluación Conductual
- Identificación de síntomas, conflictos, trastornos…si existieran

PRESENTACIÓN

- Mujer (sexo morfológico) de 19 años que se presenta correctamente arreglada, vestida con ropas anchas y pelo con un corte masculino. Se muestra respetuosa, coherente y adecuada. Tras los momentos iniciales de ligera inhibición manifiesta abiertamente su deseo de someterse a un proceso de cambio de sexo afirmando su condición transexual.

Su relato es sencillo, ocasionalmente se emociona, pero en general mantiene la compostura.

Colaboradora, acepta de buen grado la realización de pruebas pertinentes.

RELATO:

- "Yo me siento que no estoy en mi cuerpo, porque siento una forma de mi cuerpo que no es así como soy…cuando me viene la regla lo rechazo aún más, ¿por qué tiene que ser así si realmente yo no soy de esa manera?...quiero ser hombre, eso lo tengo claro."

- "He sentido que me rechazaba a mi misma, no me siento como soy, soy diferente de lo que parezco ¡con otro cuerpo, vamos!"

RELATO:

- "En un tiempo, hace tiempo, fue peor, me quedaba en casa para que no vieran que era mujer…sentía que no podría hacer nada, ser así…, nunca me ha gustado ser como soy ahora…"

- "He tenido vergüenza del cuerpo que tengo, aunque lo que más he tenido es tristeza, me ponía muy triste ver que me perdía y que me iba a perder muchas cosas…por eso me planteé lo del cambio. El verano para mí era fatal, el bañador, la piscina…Antes lloraba mucho, ahora no, me siento más fuerte…"

RESUMEN DE LA EXPLORACIÓN PSICOLÓGICA/PSICOPATOLÓGICA

A través de las entrevistas clínicas constatamos:

Que esta persona se encuentra bastante orientada hacia si misma, muy centrada en su problemática personal aunque tiene conciencia de sus obligaciones con los demás y con los grupos sociales en los que se integra.

Su polarización hacia sí misma no impide que en las situaciones sociales en las que participa tienda a mostrarse abierta y expresiva, buscando la atención de los demás.

RESUMEN DE LA EXPLORACIÓN PSICOLÓGICA/PSICOPATOLÓGICA

Es responsable y confiable. Acepta las consecuencias de su conducta.

No muestra inseguridad respecto a su propia identidad, ni desorientación en relación a la clase de persona que es y lo que le gustaría ser (en aspectos de género, sexualidad, conducta, afectos, etc).

Segura de sus capacidades, actúa con confianza, tratando de conducirse de forma adecuada en cada ocasión y ofreciendo una imagen positiva de sí misma.

RESUMEN DE LA EXPLORACIÓN PSICOLÓGICA/PSICOPATOLÓGICA

Su personalidad es de base conformista, tiende a acomodarse pero manteniendo la capacidad de tomar decisiones y de enfrentarse a las situaciones.

No se reconocen patrones fijos e inadecuados de comportamiento.

Actualmente manifiesta un ánimo moderadamente disfórico; preocupación, malestar emocional, cavilación insistente y tristeza circunstancial.

Los hábitos de alimentación y sueño están suficientemente preservados.

FASE DIAGNÓSTICA: MÉTODO DE EXPLORACIÓN PSICOLÓGICA / PSICOPATOLÓGICA

B.- **Entrevistas (tres de una hora de duración distribuidas en un corto intervalo de tiempo) para proseguir evaluación mediante tests seleccionados y ajustados al caso:**

· *Inventario de Depresión de Beck (BDI)*

Obtiene 15 puntos (Depresión Leve):
9 relacionados con ánimo disfórico
2 en relación a su aspecto físico
3 leve alteración de sueño y apetito
1 leve desgana frente al trabajo.

· *Cuestionario de Evaluación Exámen Internacional de los Trastornos de Personalidad (IPDE)*
Puntúa 4 en "Histriónico" (criterio mínimo de consideración)

- Tendencia a expresar emociones de modo exagerado
- Búsqueda de atención
- Conducta y/o apariencia seductora (vestido)

METODO DE EXPLORACIÓN PSICOLÓGICA/PSICOPATOLÓGICA

· *Test de Rorschach. Resumen:*

Obtenemos un protocolo de reducido número de respuestas, simplificado y básicamente descriptivo. La productividad (de aspectos psicológicos) se ha reducido fundamentalmente porque la realización del complejo trabajo psíquico que requiere el proceso de respuesta resulta dificultoso para el sujeto, en base a un potencial cognitivo que también se muestra sencillo.

No obstante, el grado de adecuación que esta persona es capaz de establecer entre el objeto que evoca y el estímulo real es adecuado. Realiza un trabajo cognitivo poco elaborad, pero armónico y con buen ajuste perceptivo (coherencia de variables y sus resultados).

Mantiene un enfoque perceptual sencillo orientado hacia lo concreto, lo común y lo accesible, básicamente en su forma de procesar los datos, si bien, intercala respuestas más complejas, con más visión de conjunto en las que aplica mayor esfuerzo psíquico finalmente (aunque escasas) exitosas.

METODO DE EXPLORACIÓN PSICOLÓGICA/PSICOPATOLÓGICA

La percepción a lo largo del protocolo se mantiene dentro del marco del realismo y la convencionalidad. El ajuste perceptivo y el control de la realidad está preservado. Las operaciones de focalización de atención, de sistemas de control y juicios discriminantes en relación a los patrones del mundo real, es seguro. El ajustado grado de convencionalidad perceptiva necesaria para una adaptación al mundo adecuada, en este caso existe.

Se descartan lapsus, deslizamientos en el curso de la ideación o fallos lógicos, lo que **asegura la ausencia de trastorno del pensamiento y de disfunciones cognitivas graves.**

No genera esta persona gran actividad ideacional, pero toda ella, cualitativamente, es correcta. Tanto la ideación deliberada, como la no deliberada (fantaseo, con un carácter algo pasivo) está libre de matices excéntricos o peculiares.

157

METODO DE EXPLORACIÓN PSICOLÓGICA/PSICOPATOLÓGICA

Actualmente, esta persona está muy centrada en sí misma (Índice de Egocentrismo alto), con necesidad de confirmar su valía y potenciar la propia autoafirmación, lo que en algún sentido, le lleva a poner menos énfasis en las relaciones interpersonales y los afectos, los cuales no desdeña, pero no destaca como prioritarios.

Igualmente, desarrolla importante actividad introspectiva o de autoanálisis, de carácter más intelectual que emocional, lo que nos remite directamente a un importante interés por la propia autoimagen.

El aumento de la autoobservación, igualmente, puede propiciar en ella un cierto distanciamiento de su entorno, pero no incluye connotaciones de autocrítica negativa o autodesdén. **No hay signos de baja autoestima.**

METODO DE EXPLORACIÓN PSICOLÓGICA/PSICOPATOLÓGICA

Se excluyen todas las CONSTELACIONES alusivas a:

percepción y pensamiento distorsionados (sintomatología psicótica), depresión, inhabilidad social, riesgo suicida, hipervigilancia y obsesividad.

Con elevado nivel de probabilidad, **pude excluirse la esquizofrenia y otras psicosis.**

FASE DIAGNÓSTICA: EMISIÓN DE DIAGNÓSTICO

C.- Formulación diagnóstica

- Cumple todas las pautas diagnósticas de TRANSEXUALISMO: duración, no ser síntoma de otro trastorno mental ni acompañar a anomalía intersexual, genética o de los cromosomas sexuales. (F64.0, CIE10).
- Cumple muchas pautas diagnósticas de Trastorno de Identidad Sexual en la Infancia (F64.2, CIE10). (Retrospectivo, en base a datos de historia clínica).
- No cumple criterios de las otras categorías diagnósticas.

NO existe COMORBILIDAD con otros trastornos

Se confirma la DISFORIA DE GÉNERO.

FASE DIAGNÓSTICA: INFORME CLÍNICO

D.- Emisión de informe clínico

Conforme al diagnóstico emitido se redacta informe clínico haciendo constar todos los puntos relevantes y haciendo referencia a la disforia de género en los términos que indica la Ley de Rectificación Registral de la Mención Relativa al Sexo de las Personas.

Es remitido al facultativo del Servicio de Endocrinología del Hospital, donde la persona se somete a tratamiento médico para acomodar sus características físicas a las correspondientes al sexo reclamado.

FASE DE TRATAMIENTO

- La aproximación terapéutica al cuadro se ha hecho, en términos generales, desde diferentes marcos teóricos y con éxito desigual:

    - Psicofarmacológico, como apoyo sintomático.

    - Psicoterapéutico (terapia de modificación de conducta, terapia cognitivo-conductual, terapia familiar, terapia orientativa para padres, psicoanálisis…).

TRATAMIENTO PSICOTERAPEUTICO

- Tratamiento psicoterapéutico durante el proceso previo y/o durante las fases médicas de hormonación y quirúrgica.
    - Aspectos psicoterapéuticos a considerar
    - Objetivos
    - Desarrollo

- Tratamiento psicoterapéutico post-quirúrgico.
    - Diversos autores consideran conveniente realizarlo durante un tiempo para facilitar la adaptación del individuo a los nuevos cambios y para tratar de disminuir el impacto psicológico secundario a posibles problemas de aceptación social que pudieran presentarse.

ASPECTOS BÁSICOS COMUNES A TODAS LAS PSICOTERAPIAS EN CASOS DE TRANSEXUALIDAD

- El terapeuta debe ser siempre un apoyo y una ayuda

- Debe atenderse a los aspectos contratansferenciales para un manejo correcto de los mismos.

- Trabajar sobre la base de la identidad sexual (de género) del sujeto. Si es preciso realizar actuaciones clarificadoras.

A CONSIDERAR CON JÓVENES

Cuanto antes se pongan en marcha medidas terapéuticas el pronóstico es mejor: mayor probabilidad de reducir la disforia secundaria.

- Tener en cuenta la crisis propia de la etapa adolescente/juvenil, la crisis de identidad normal (incluyendo identidad sexual)
- Es recomendable trabajar con la familia.
- Es preciso consensuar los objetivos del tratamiento partiendo de las aspiraciones reales del joven, sus preocupaciones ...

OBJETIVO GENERAL DEL TRATAMIENTO PSICOTERAPÉUTICO

- *El objetivo final del tratamiento es favorecer que la persona se sienta a gusto con la identidad genérica nuclear deseada, y no crear un individuo con una identidad sexual convencional. En relación a ello, apoyarla en el proceso que siga para aproximar su sexo biológico a ella misma.*

- *Respetar que, salvo en el caso de una patología contraria a la intervención, en cuyo caso deberemos desaconsejarla claramente en el informe, la decisión última para un cambio de sexo morfológico corresponde a la persona transexual.*

- *La prueba de la vida confirmará al transexual esta condición cuando finalmente logre sentirse conforme, manifestándose, viviendo y actuando desde el sexo deseado y sentido como propio.*

OBJETIVOS PARTICULARES DEL TRATAMIENTO PSICOTERAPÉUTICO

- Aportar apoyo y aceptación, evitando el cuestionamiento.

- Reducir la disforia.

- Atender a las condiciones psicopatológicas que pudieran surgir: actitudes desadaptativas, manifestaciones clínicas secundarias...

- Promover la reflexión y un cierto sosiego en las decisiones sobre los tratamientos médicos a los que va a acceder (particularmente la reasignación sexual).

- Clarificar expectativas depositadas en los tratamientos médicos para que éstas sean realistas.

OBJETIVOS PARTICULARES DEL TRATAMIENTO PSICOTERAPÉUTICO

- Contener la "ansiedad vivencial" si surgiera y/o las decisiones impulsivas.

- Potenciar en todo momento la responsabilidad personal en la toma de decisiones, en el marco de la libertad que la ley otorga y con la aportación de la máxima información disponible.

- Promover su responsabilidad en el proceso que se inicia y sus consecuencias.

- Apoyar en la acomodación a los cambios corporales previstos y a la manifestación social de cómo real e íntimamente se siente desde el género vivido como propio.

OBJETIVOS PARTICULARES DEL TRATAMIENTO PSICOTERAPÉUTICO

- Orientar en el establecimiento de metas realistas en la vida cotidiana, en las relaciones, en los proyectos…

- Ayudar a desarrollar una actitud fundamentalmente integradora de las experiencias del pasado (continuidad).

- Reducir en lo posible el estrés y el conflicto que la decisión de esta persona pudiera generar en su marco familiar.

- Fortalecer habilidades de afrontamiento ante posibles actitudes sociales transfóbicas.

- Prevenir el aislamiento social a lo largo del proceso…

DESARROLLO DE LA PSICOTERAPIA

- *Durante seis meses y con periodicidad aproximadamente quincenal se trabajan los objetivos reseñados, en sesiones de una hora y con buena colaboración de esta persona que una vez ha entregado el informe elaborado por psicólogo clínico en el S. de Endocrinologia de Hospital General, ha iniciado allí el tratamiento de hormonación.*

- *Se incluye una sesión de la persona afectada con los padres (petición de la misma) con carácter de asesoría, apoyo y orientación.*

- *Durante ese tiempo no aparece psicopatología secundaria, los procesos adaptativos se van desarrollando de forma positiva y los cambios físicos se van haciendo patentes.*

- *No manifiesta dudas respecto a su decisión, antes bien se muestra satisfecha de haberla tomado.*

DESARROLLO DE LA PSICOTERAPIA

- *No desea precipitarse en la decisión de la cirugía genital, refiere que "lo irá pensando según vea". Constatamos que sabe cómo solicitar la rectificación de la mención registral del sexo aún sin realizar cirugía de reasignación sexual.*

- *Muestra deseo de finalizar la psicoterapia en base a que aprecia mejoría ("pues me siento mejor, animada, y si vuelvo a necesitarla ya se cómo pedirla"). Aceptamos.*

- *Constatamos que la disforia de género ha disminuido y que ha comenzado a probar la realidad de vivir como una persona de otro sexo sin que se genere estrés o conflictos relevantes. Ante el proceso iniciado es reflexiva y prudente*

TRATAMIENTO MÉDICO

Una vez realizado el diagnóstico, a la vez que se prosigue la psicoterapia (si la persona lo desea) se da paso al tratamiento médico:

- Tratamiento hormonal.
  Este es un tratamiento que generalmente disminuye significativamente la disforia de género, mejorando la calidad de vida de la persona.
- Tratamiento quirúrgico.
  - -Mastectomía en los pacientes mujer a hombre en el transcurso de un año desde el inicio del tratamiento hormonal.
  - -Cirugía genital (si se solicita) tras dos o tres años.

* Tratamiento orientado a la reasignación de sexo.

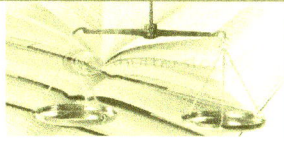

DESDE EL PUNTO DE VISTA JURIDICO:

Ley Reguladora de la Rectificación Registral de la Mención relativa al Sexo de las Personas, aprobada por las Cortes Generales el 1-3-2007 y firmada por el Rey el 15-3-2007

Regula el procedimiento para que las personas transexuales puedan rectificar la mención de sexo en su partida de nacimiento y consecuentemente su nombre.

LEY REGULADORA DE RECTIFICACIÓN...

Requisitos para acceder a la rectificación registral de la mención del sexo:

- Informe de diagnóstico de disforia de género emitido por médico o psicólogo clínico colegiado
- Informe del médico colegiado bajo cuya dirección se hayan llevado a cabo los tratamientos médicos y en el que se acredite que la persona ha sido tratada al menos durante dos años para acomodar sus características físicas a las correspondientes al sexo reclamado.

LEY REGULADORA DE RECTIFICACIÓN...

- Consecuencias de la Ley
  - Inscripción en el Registro Civil con el nuevo nombre propio, de acuerdo con las normas establecidas en la Ley del Registro Civil.
  - Permite a la persona ejercer todos los derechos inherentes a la nueva condición
  - Mantiene los derechos y obligaciones jurídicas de la persona previos a la inscripción del cambio registral.

NUEVAS LINEAS DE INVESTIGACIÓN-REFLEXIÓN

Desde el modelo Biomédico:

- Profundizar en los factores de tipo etiológico/etiopatogénico subyacentes al cuadro, como el papel organizador de las hormonas sexuales en la etapa intrauterina y neonatal, los factores genéticos, los factores neuroanatómicos y del desarrollo involucrados...

- Estudiar la interrelación entre factores biológicos y factores psicosociales, abundando en qué aspectos de tipo familiar, ambiental y educativo contribuyen a instaurar, reforzar y/o perpetuar el cuadro.

NUEVAS LINEAS DE INVESTIGACIÓN-REFLEXIÓN

Desde la Antropología Social:

- Se insiste en revisar los modelos de pensamiento dicotómico que usamos al enfrentarnos a la transexualidad.
- Se reclaman estudios que incorporen nuevos modelos de conocimiento que permitan dar cuenta de la diversidad y el dinamismo de la identidad y sus rupturas.
- Reflexión sobre la interrelación entre representaciones y prácticas concretas.
- Que se tenga en cuenta en los estudios e investigaciones, los macrocontextos y los microcontextos en los que se mueven las personas transexuales, e igualmente, la acción modificadora de la experiencia real.

NUEVAS LINEAS DE INVESTIGACIÓN-REFLEXIÓN

- Se introducen conceptos:

  - La transexualidad como un tercer género (¿o géneros múltiples?)

  - La transexualidad como reforzamiento de las identidades genéricas.
    Se cuestiona la identidad transexual pues al solicitar ser exactamente una réplica de otro sexo sostiene el paradigma tradicional de dos sexos opuestos…

BIBLIOGRAFIA

- García-Portilla González, M.P. y otros. "Instrumentos básicos para la práctica de la psiquiatría clínica". 5ª edición. 2008. Ars Médica.
- O.M.S. Décima Revisión de la Clasificación Internacional de las Enfemedades. Trastornos Mentales y del Comportamiento (CIE10). 1992. Meditor
- Missé M. y Coll-Planas G. "La patologización de la transexualidad; reflexiones críticas y propuestas". En Rev. Norte de Salud Mental, 2010, Vol VIII, nº38: 44-45
- Garaizabal C. "Identidad de Género y Salud Mental". En Rev. Infocop del Colegio Oficial de Psicólogos, 2006, nº 29: 29-31
- Berguero Miguel T. y otros. "Una reflexión sobre el concepto de género alrededor de la transexualidad". Rev. Asoc. Esp. Neuropsiq.,2008, vol. XXVIII,nº 101: 211-226
- Gómez E.; Esteva I.; "Ser transexual. Dirigido al paciente, a su familia y al entorno sanitario, judicial y social". Barcelona. Glosa 2006

Intervención Psicológica en los Trastornos por Déficit de Atención e Hiperactividad Infanto-Juvenil

Intervención Psicológica en TDAH-IJ

Contexto

- Historia en la que el/la PC se integra →
  aportación a la mejora de la asistencia
  - Características de los dispositivos
    - Sobrecarga
    - Infradotación
- Identidad – PC / Trabajo en Equipo Multidisciplinar
  - Contribuir al Cambio – Agente de Cambio
    Potenciar, Aportar recursos para hacer frente a
    dificultades en un contexto psicopatológico

- Arranque del Programa PIR

Contexto

· **Actuaciones Protocolizadas**

   • Supervivencia / Calidad / SM Comunitaria

       Investigación

   • Compatibilidad con Atención Individualizada

•**Planificación**

   • Análisis de la Demanda → Priorización de Respuestas

                Volumen/Gravedad/Repercusión en Desarrollo

   • Líneas de trabajo priorizadas en el dispositivo

• **Planificación - PC en IJ**

   • $\geq$ 2 campos de intervención: Evaluación y Tratamiento

   • $\geq$ 2 ámbitos de acción: Individual, Familiar,…

   • $\geq$ 4 criterios:

Clínicos	TGD Psicosis TDAH TA TC (T)P Maltrato…	**Evolutivos**	1ª Infancia 2ª Infancia PreAdolesc Adolescencia Juventud

Individual / Familiar / Grupal

Técnicos	Exploración Psicoterapia Entrenamiento PsicoEducación…	**Dimensiones Psicológicas**	Afectiva / Psicosomática Cognitiva / NºPsicológica Relacional Comportamental

172

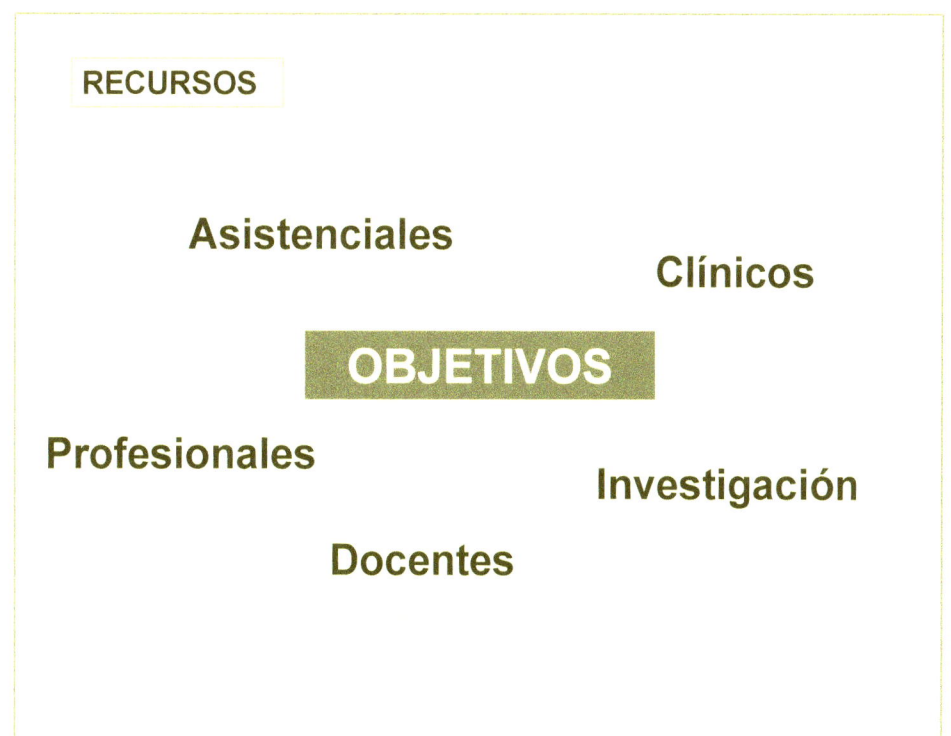

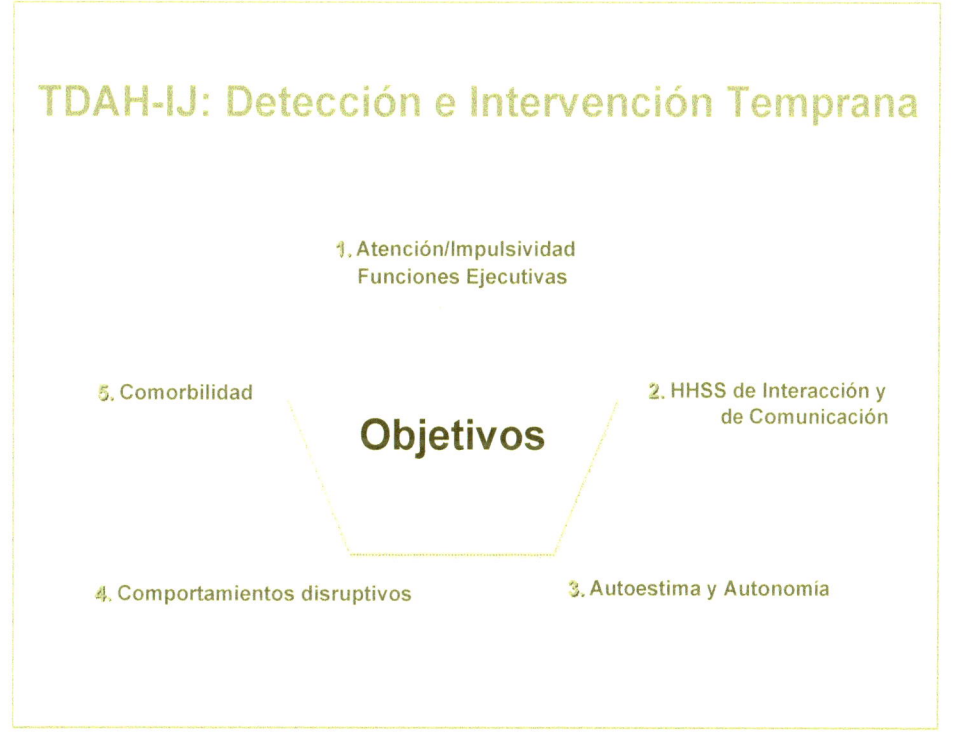

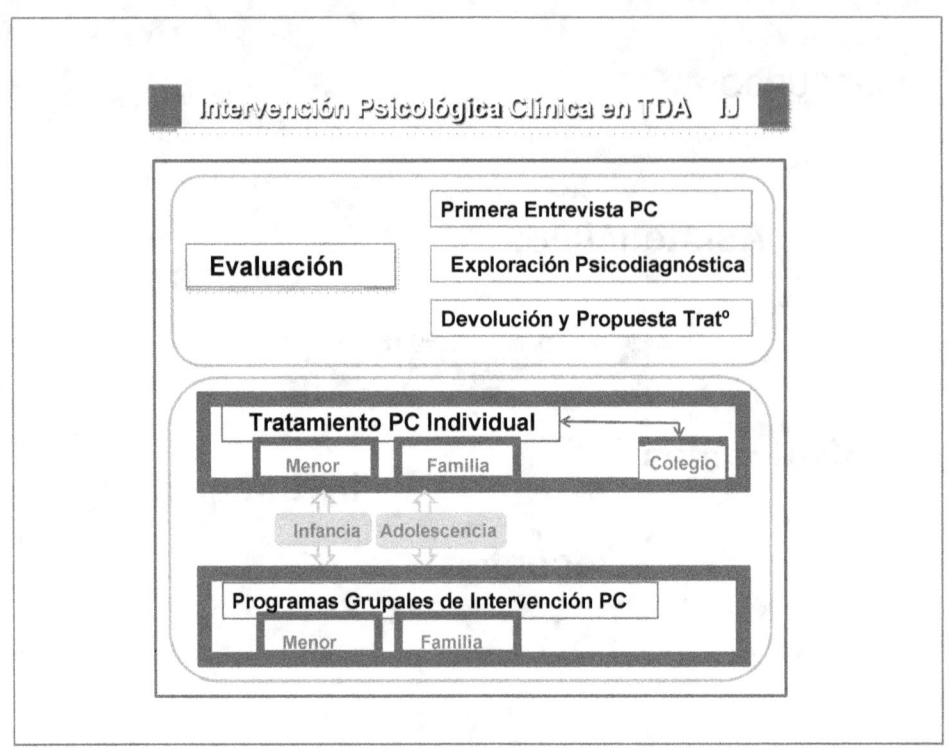

Intervención Psicológica Clínica en TDA IJ

Evaluación	Primera Entrevista PC
	Exploración Psicodiagnóstica
	Devolución y Propuesta Trat°

Tratamiento PC Individual

Menor Familia Colegio

Infancia Adolescencia

Programas Grupales de Intervención PC

Menor Familia

Intervención Psicológica en TDAH-IJ

Evaluación Tratamiento

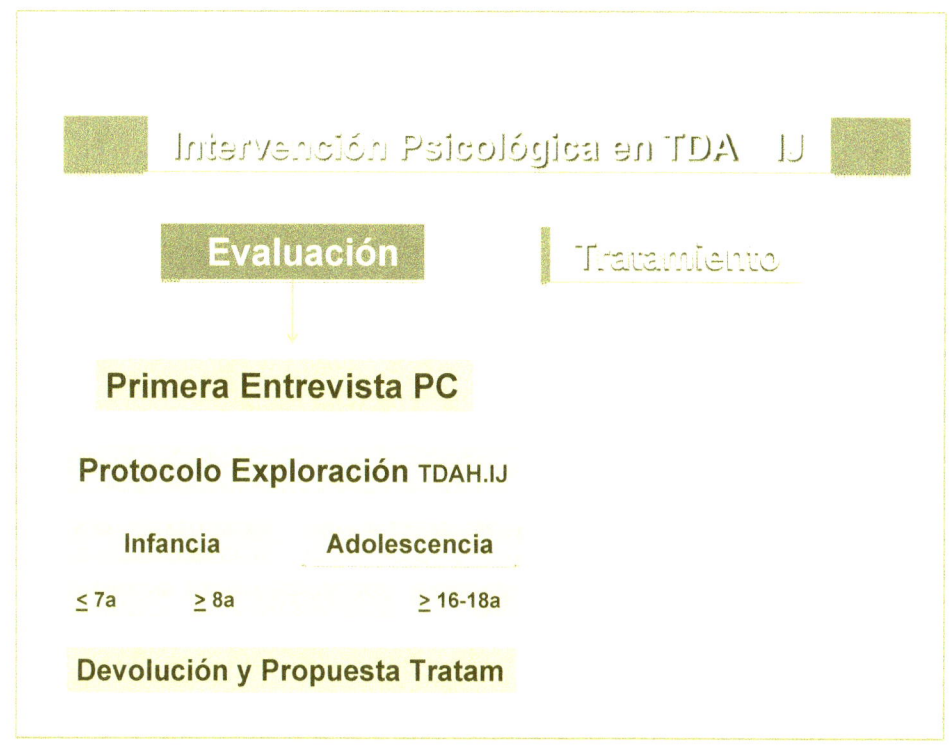

Intervención Psicológica en TDA   IJ

Evaluación   Tratamiento

Primera Entrevista PC

Protocolo Exploración TDAH.IJ

Infancia		Adolescencia
≤ 7a	≥ 8a	≥ 16-18a

Devolución y Propuesta Tratam

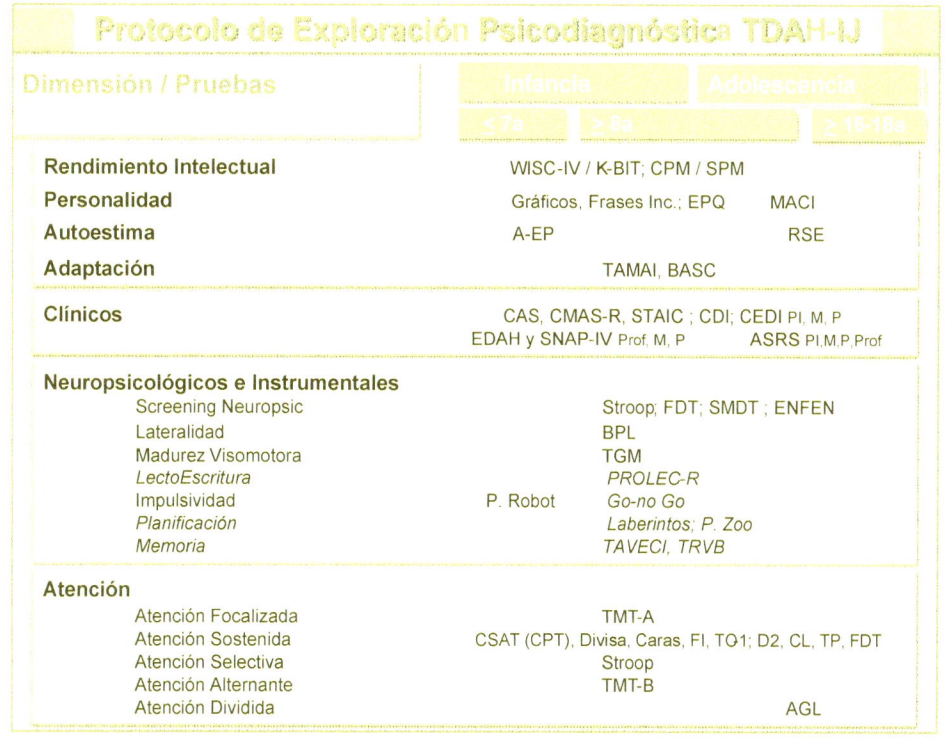

Protocolo de Exploración Psicodiagnóstica TDAH-IJ

Dimensión / Pruebas	Infancia		Adolescencia
	≤ 7a	≥ 8a	≥ 16-18a
Rendimiento Intelectual	WISC-IV / K-BIT; CPM / SPM		
Personalidad	Gráficos, Frases Inc.; EPQ		MACI
Autoestima	A-EP		RSE
Adaptación	TAMAI, BASC		
Clínicos	CAS, CMAS-R, STAIC ; CDI; CEDI PI, M, P		
	EDAH y SNAP-IV Prof, M, P		ASRS PI,M,P,Prof
Neuropsicológicos e Instrumentales			
Screening Neuropsic		Stroop; FDT; SMDT ; ENFEN	
Lateralidad		BPL	
Madurez Visomotora		TGM	
LectoEscritura		*PROLEC-R*	
Impulsividad	P. Robot	*Go-no Go*	
Planificación		*Laberintos; P. Zoo*	
Memoria		*TAVECI, TRVB*	
Atención			
Atención Focalizada		TMT-A	
Atención Sostenida	CSAT (CPT), Divisa, Caras, FI, TO1; D2, CL, TP, FDT		
Atención Selectiva		Stroop	
Atención Alternante		TMT-B	
Atención Dividida			AGL

Intervención Psicológica en TDAH-IJ

Evaluación   Tratamiento

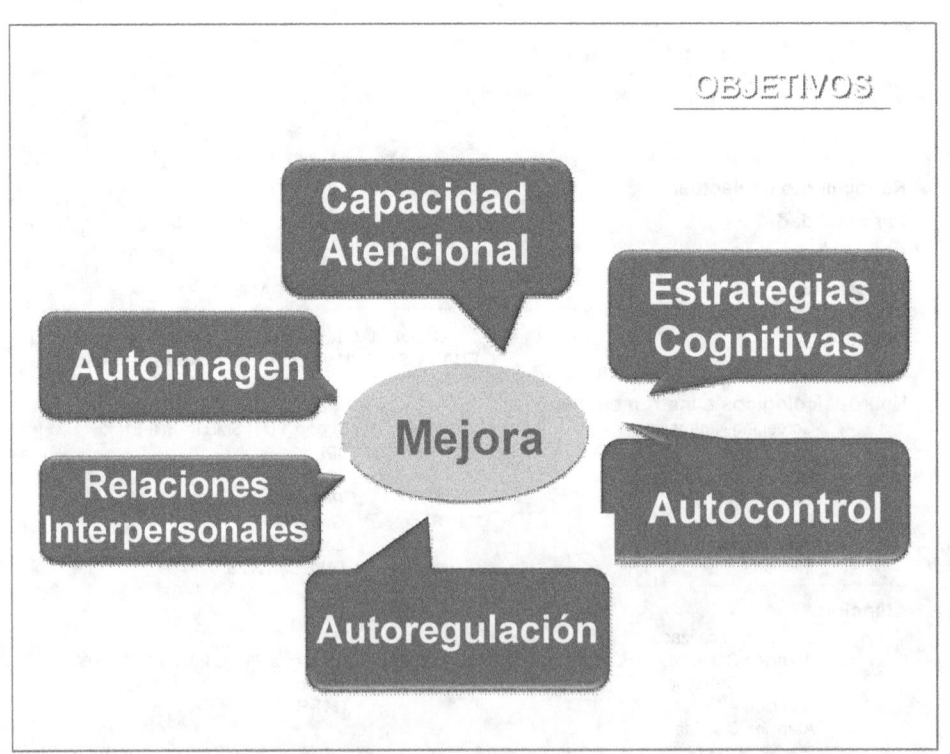

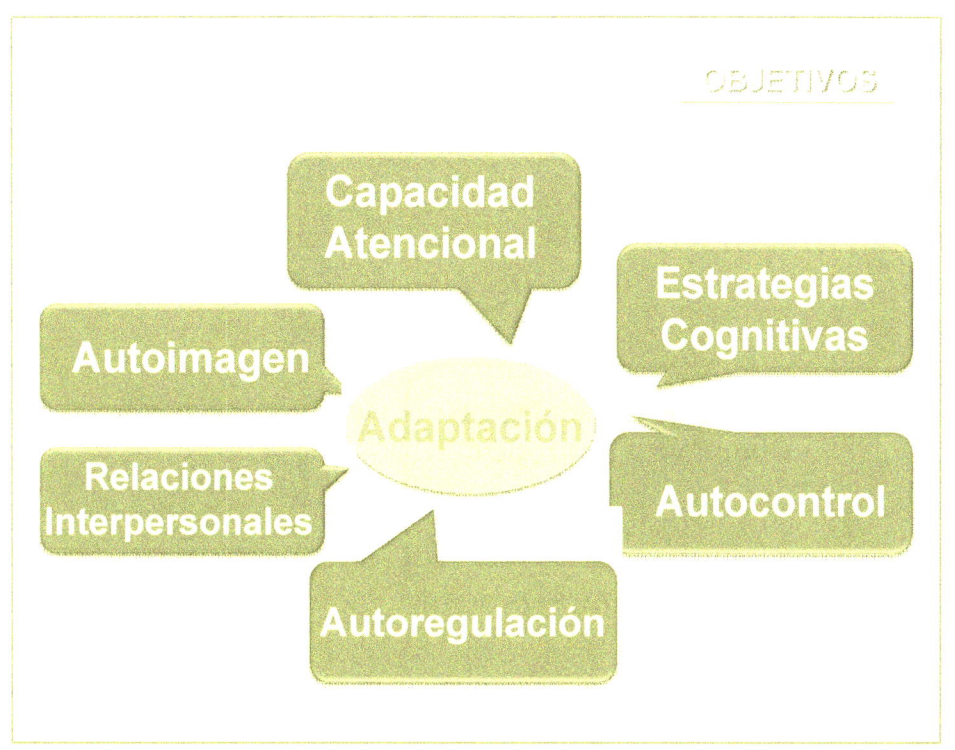

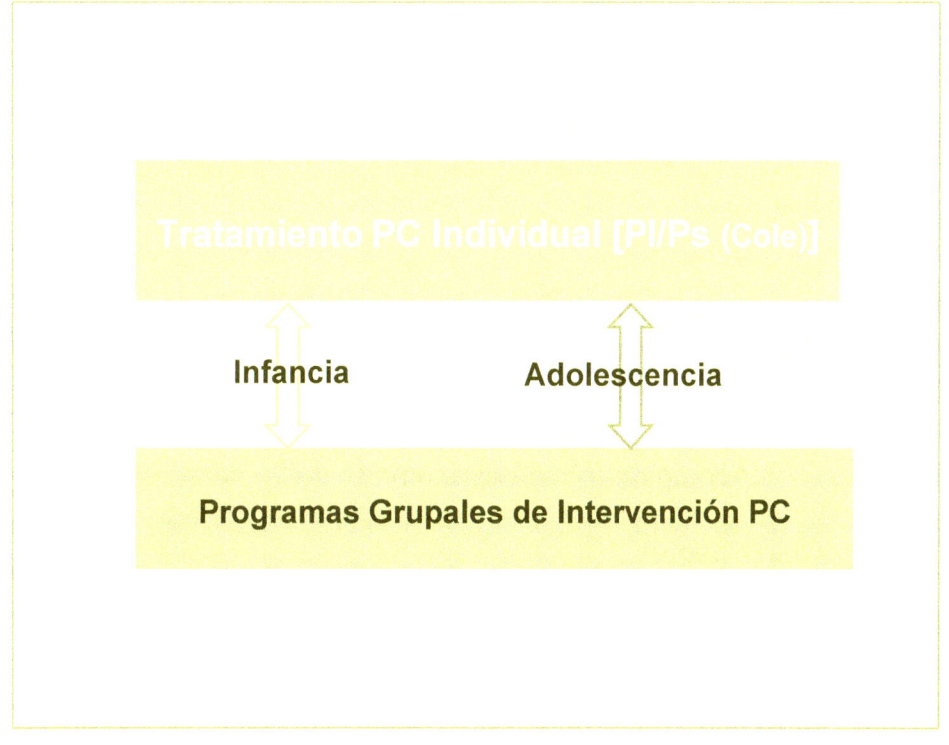

Intervención Familiar Psicoeducativa

Grupos de Estimulación Cognitiva y Neuropsic

| 1 ± 7a | 2 ± 9a | 3 ± 11a | Adol |

Intervención Grupal para Adolescentes

Grupos de Estimulación

- Se organizan por grupos de edad.
- Se trata de un programa de trabajo en el que se recurre a estrategias de tipo cognitivo, neuropsicológico y relacional.
- Tienen una duración aproximada de un curso escolar.
- Se trabaja con grupos pequeños, de entre 6-8 participantes.

Objetivos

- Mejorar la capacidad de atención

- Potenciar estrategias cognitivas que favorezcan el aprendizaje

- Potenciar un mayor autocontrol de la impulsividad y la hiperactividad

- Favorecer una mayor autorregulación emocional y comportamental

- Mejorar su interacción relacional con adultos e iguales (captación de demandas, de normas y reglas, comunicación, autonomía...)

- Autoestima, autoconocimiento y autonomía

Grupos de Estimulación

Cohesión, Apoyo
Atención
Responsividad
Percepción
Procesamiento
Reflexividad
Memoria
Autocontrol
Planificación
Ejecución
Autoevaluación

Autoinstrucciones
Entrenamiento en Relajación
Habilidades Sociales
Autorregulación Emocional
Autoestima
Técnicas de Autoorganización
y de Estudio

Ejercicios de control motor y multisensoriales

Entrenamiento atencional
focalizada
sostenida
selectiva
alternante
dividida

ESTRATEGIAS

E. de funciones ejecutivas
demora y control temporal
inhibición de conducta
memoria de trabajo
selección, ejecución y
evaluación de planes
reflexividad
solución de problemas

Estrategias para el estudio

Intervención Familiar Psicoeducativa

Grupos de Estimulación Cognitiva y Neuropsic

| 1 ± 7a | 2 ± 9a | 3 ± 11a | Adol |

Intervención Grupal para Adolescentes

Intervención Grupal para Adolescentes

• La **Intervención Grupal para Adolescentes con TDAH** requiere de cierta conciencia de enfermedad, o al menos, de dificultad y de una mínima motivación al cambio.

• Se organizan por grupos de edad.

• Consentimiento del menor y apoyo de la familia

• Consiste en módulos de 6-7 sesiones en torno a las siguientes temáticas

Intervención Grupal para Adolescentes

Qué es el TDAH?   Tratamiento del TDAH

Motivación

Autoestima

Impulsividad

Atención

Auto-instrucciones y Auto-regulación

Drogas   Dilación y Demora

Evaluación y Estrategias de mantenimiento

Intervención Familiar Psicoeducativa

- Las Intervenciones Familiares Psicoeducativas se diseñan en la USMIJ-HCU.LB como programas de intervención protocolizados, para ser llevado a cabo por residentes de psicología clínica y la psicóloga clínica.
- Primera etapa: diseño y ensayo

 Psicoeducación

"Se basa en el principio de que tanto los pacientes como sus familiares necesitan que se les proporciones mayor soporte e información sobre la enfermedad, su etiología, su curso y su tratamiento (APA, 1994; Frances y cols, 1996). Pretende potenciar la colaboración activa por parte de los pacientes y sus familiares en el tratamiento del trastorno (Vieta y cols, 1996), partiendo de la hipótesis de que facilitar información y estrategias de afrontamiento adecuadas ante la enfermedad y sus consecuencias incidirá positivamente en el curso del trastorno"

(Reinares y cols, 2002)

Intervención Familiar PsicoEducativa

• Consta de 2 sesiones para padres y madres de pacientes con TDAH-IJ,
• Organizados por grupos de edad de los hijos/as, protocolizadas e impartidas por la residente de psicología clínica y por la psicóloga clínica.
• El objetivo es proporcionar información que ayude a la comprensión del trastorno, sintomatología, etiología, riesgos y factores protectores, bases del tratamiento psicológico clínico y psicofarmacológico y pautas y estrategias de afrontamiento de situaciones problemáticas.

Objetivos

Proporcionar información sobre TDAH que facilite una mejor **comprensión** del trastorno y sus implicaciones en la vida.

Aportar **estrategias** y habilidades que faciliten un mejor manejo de los síntomas y las dificultades relacionadas con el TDAH (rendimiento académico, relación con iguales , con adultos, etc)

Promover una mayor **motivación al cambio** y una adecuada **implicación** en el tratamiento, factores clave en población infantojuvenil

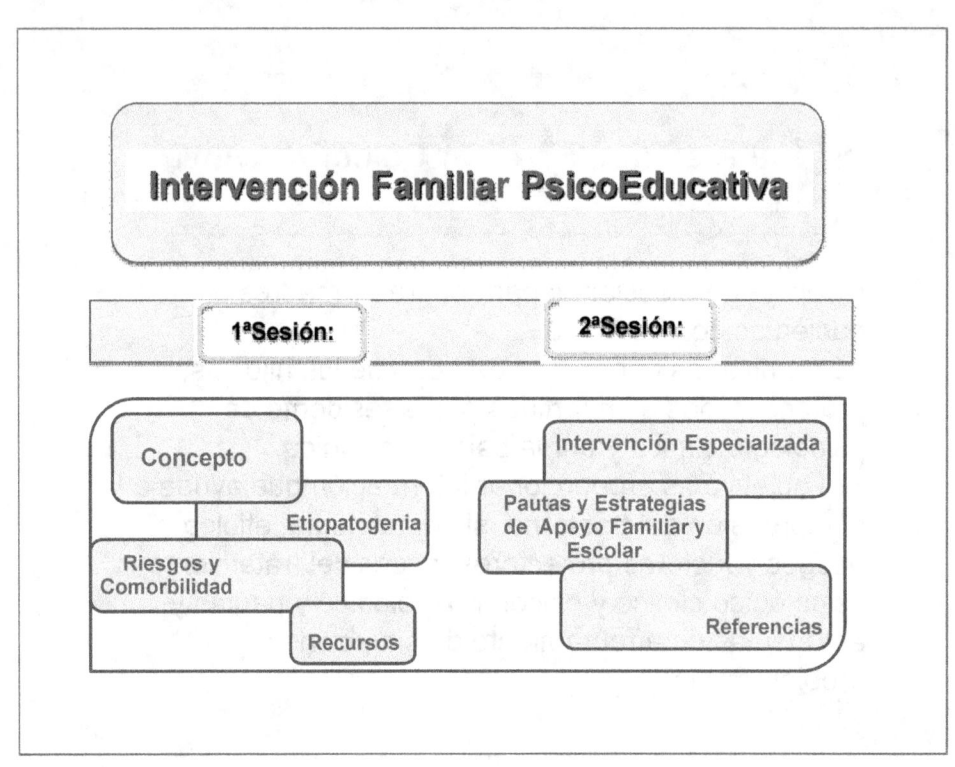

**Ante la Sospecha de Abuso Sexual Infantil
(y sus huellas)**

185

Ante la Sospecha de ASI
(y sus huellas)

Fotos: Google

Objetivos de la Sesión Clínica

- A propósito del caso...
- "Puesta al día" sobre la intervención sanitaria y de SM en los abusos sexuales en la infancia.
- Manejo e integración de los contextos legal y clínico.
- Intervención Breve.
- Perspectiva sistémica y evolutiva para la adecuación de las técnicas y estrategias de exploración e intervención.
- Ventajas y dificultades del trabajo en equipo (coordinación entre dispositivos).
- Discusión. Opciones actuales.

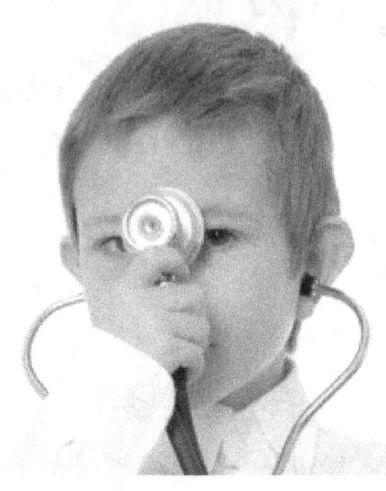

Derivación

Pediatra del CS:

"Presunto abuso sexual".

Encuadre interno

Jurídico / Clínico

- Constitución, Código Civil, Legislación Sanitaria:

  Obligación de comunicar a la autoridad competente.

- Concepto, detección (demostración penal).

- Desarrollo y estado psicológico actual
- Secuelas a corto y largo plazo.

ASI: Abuso Sexual Infantil

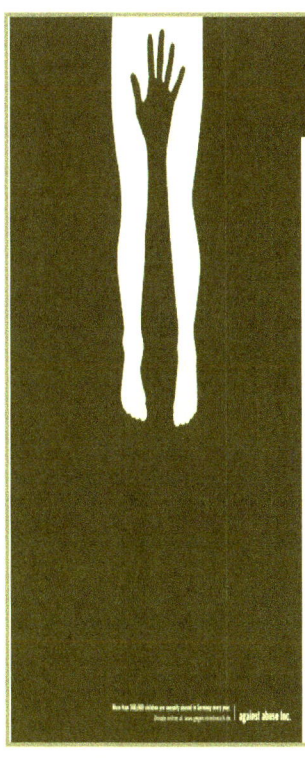

- Son un "viejo" "problema".
- Mayor sensibilización social.
- Mayor presencia en medios de comunicación social.
- Más investigaciones y mayor conocimiento.

Maltrato Infantil

- Maltrato Prenatal
- Maltrato
  - Físico
    - Síndrome de Münchausen
  - Psicológico
- Abuso Sexual Infantil (ASI)
- Negligencia
  - Físico
  - Emocional
  - Incapacidad Parental de control de la Conducta infantil/adolescente
- Abandono
- Renuncia
- Explotación Laboral y mendicidad
- (Corrupción)

"Guía Completa para la Detección e Intervención en Situaciones de Maltrato Infantil desde el Sistema de Salud de Aragón". 2007

Sospecha de Maltrato I

Aquellos casos en los que

- **existen indicadores** físicos, psicológicos y/o sociales tanto de maltrato leve como de maltrato grave basados en la manifestación de terceros pero **sin datos contrastados**
- o que existen **dudas** sobre los indicadores presentes en la historia del niño.

Protocolo Básico de Intervención contra el maltrato infantil. Ministerio de trabajo y asuntos sociales. 2008

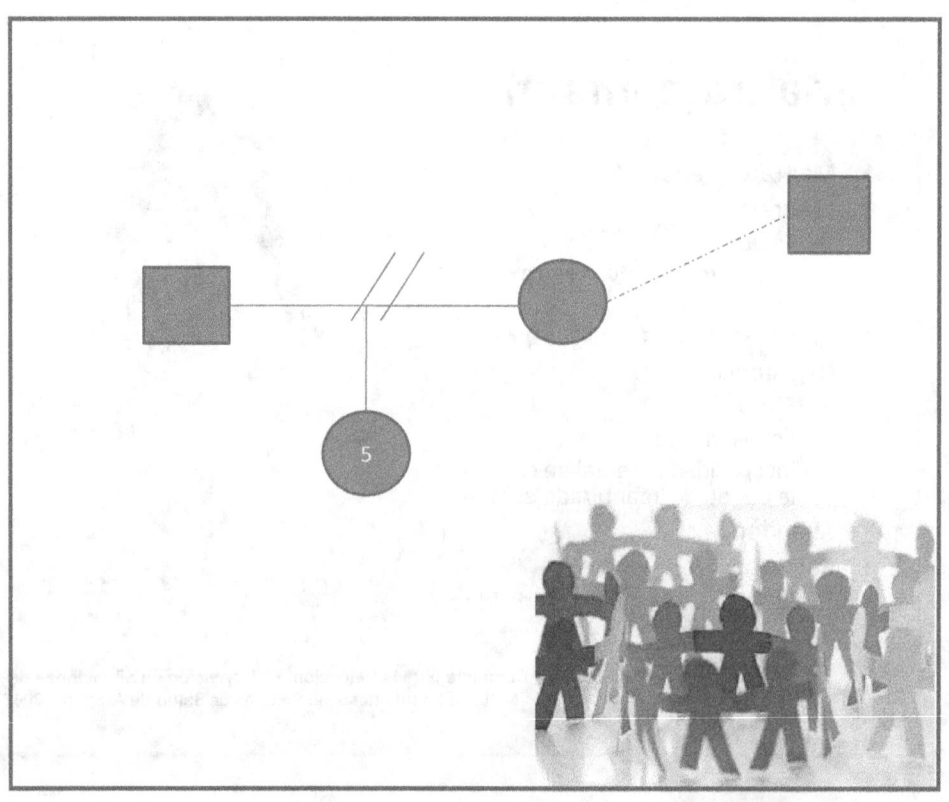

PE PQ-IJ:
18/Noviembre

Acuden la M y la hija

Motivo de Consulta
- M refiere **2** incidentes que la alarman
- **1º comentario:**
  - "Estábamos mi pareja, la niña y yo y se tiró encima. Él se tapó sus partes y ella dijo "Se tapa donde mi papá me dice que le dé besos". Dónde?. "En la cola". Dijo que se iba a bañar.
  - Después dijo que estaba vestido.

- Su reacción inicial
  - Se me cayó el mundo encima.
  - En verano había cambiado de actitud. Estaba más rebelde. Me decía: "No quieres estar conmigo y me mandas con papá". Me atacaba.

PE PC-IJ:
24/Noviembre

Acuden la M, la hija y la pareja

Motivo de Consulta
- M refiere los 2 incidentes
- 1º comentario.
  - A la semana de empezar el cole. Igual relato.
  - Le pregunté: **Qué le has tocado?. "La cola".** Dijo que estaba en calzoncillos, que se iba a bañar.

- Su reacción inicial
  - Yo me quedé **mal**. Pasan tantas cosas.
  - Llamé al **padre** y lo puse verde. Él casi lloraba. Creo que no lo ha hecho. Vive con sus padres.
  - Empecé a estar **pendiente**.
  - En verano empezó a portarse mal: **"No quieres que esté contigo y me mandas con papá".** Se estresa al irse.

- **2º comentario:**
  - Vino (de la visita con el padre) con sus partes coloradas. "Me está tocando papá por dentro". Alguna vez le ha pasado (enrojecimiento) por el pis.

- Los **cambios de versión** de la niña
  - Después dijo que era el papá de Carla.
  - Y luego a mí sola me dijo que era el papá de esta amiga y su papá.

- 2º comentario:
  - A los días, al volver de la visita con el padre, al cambiarla para bañarse le vi rojo en sus partes. Me dijo **"Me ha tocado papá por dentro".**
  - **"Sé que se toca". →**

- Los cambios de versión de la niña
  - A los días, dijo que era su amiga. **Cambiaba** de versión. Pero insiste en que es el papá de su amiga.
  - **No** ha vuelto a decir nada más.

- Creencia de la M
  - Ver no ha visto nada, no creo, en ninguna casa.

- Creencia de la M
  - Creo que (el P) no le ha hecho nada.
  - Es demasiado inteligente (niña).
  - Ver, no ha visto nada, ni por ahí.
  - Creo que lo ha oído.
  - También miente. Miente muy bien (la niña).
  - Creo que han hablado en el cole. Su amigo...

- Actuación de la M
  - Hablé con la enfermera del CS, hablé con una psicóloga amiga y hablé con el papá.
  - Hablé con el psicólogo de la asociación. Hoy estaba buscando el muñeco.

  - Fue a Urgencias y le hicieron el parte.

- Actuación de la M
  - Hablé con la trabajadora social del CS, con una psicóloga amiga y hablé con el padre.
  - Hablé con el psicólogo de la Fundación:
    Inventárselo, no. Imposible tener la certeza de que no ha ocurrido. Si no le hago caso y es verdad, será peor. Que viniera aquí.
  - Acude al Pediatra pidiendo derivación.
  - Habla con la tutora. No ha observado cambios en la niña, ni en la clase, ni en su amiga.

- Expectativas
  - Quedarme tranquila. Pienso que no ha pasado nada. Pero..., por si acaso...

La niña

Dice	Qué quiere decir?
No ha visto	Qué no ha visto?
Ha oído	Qué ha oído? A quién? Dónde?

Historia del Desarrollo

- **Embarazo**

  "Malo. Vómitos, pinchazos. Amenaza de aborto desde los primeros meses por accidente. Casi no podía".

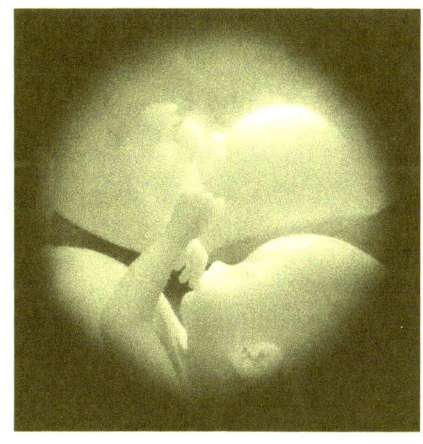

Historia del Desarrollo

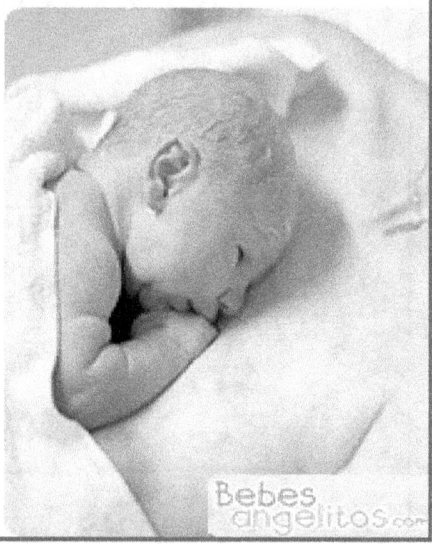

- **Parto**
  Casi quince días de retraso.
  Cesárea.
  "Todo bien".
  Peso/Talla: 3.900 gr/51 cm.
  "Nació con líquido meconial".

Historia del Desarrollo

- **Recién nacida**
  Bebé muy buena, tranquila.
  Al año, más movida.

- **Alimentación**
  Lactancia Artificial. "Todo bien con el biberón".
  No cólicos del lactante.
  Mala comedora. Sólo comía con la mamá. No quería con ningún otro.
  "Ahora come mejor. Antes, ni pasta, ni tomate, ni verdura. Pescado y carne, sí".

Historia del Desarrollo

- **Sueño**

  "Siempre bien. Tiene algo de terrores nocturnos. Despierta llorando porque tiene miedo. Se viene a la cama" (pesadillas).

- **Desarrollo Psicomotor**

  12m: Marcha.

Historia del Desarrollo

- **Lenguaje**

  "A los 5 meses empezó a hablar".

- **Lecto-Escritura**

  "Si le pones una palabra, la escribe entera".

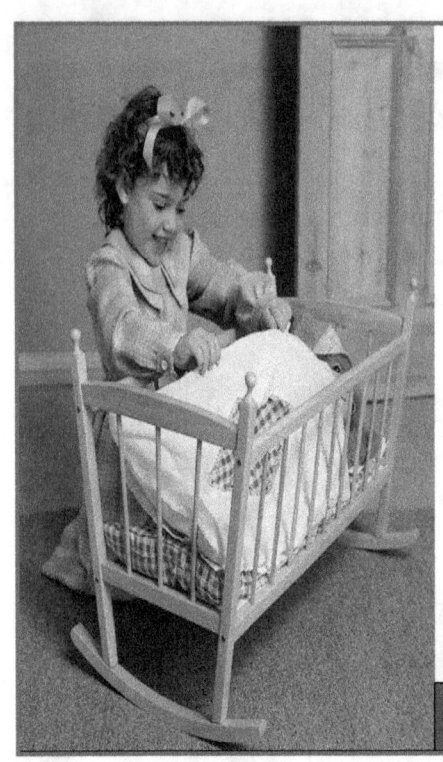

- **Autonomía**

Control Esfínteres: 2 años

"Se viste sola".

Por las mañanas la viste la mamá.

No deja que P la limpie. "Yo sola".

- **Juegos**

Bebés. Pintar…

Historia del Desarrollo

- **Personalidad**

M: "Es demasiado lista".

"Miente muy bien. Y sabe que miente".

"Es envidiosa. Si los demás se dan pote, ella también quiere".

"Es muy apegada. Quiere a su papá pero… a mi me adora".

P: "La veo una niña madura. Teniendo una separación… veo que lo asume".

- **Miedos y Temores**

  M: Miedo a los monstruos, a la oscuridad (tiene luz).

  P: Miedosa, sí. Pero ahora está más asustadiza.

- **Ansiedad de separación**

  M: "Se estresa al irse (con el P)". "Desde verano, más rebelde…"

  P: "Posiblemente tiene más apego que antes. Si ve que la M se aleja, a lo mejor se pondría a llorar. Ha sido pegadiza siempre, pero…"

- **Estereotipias y Tics.** No.

- **Manías**

  • "Sé que se toca (en pubis, entre los labios). Se toca mucho y se hace hasta herida. Desde hace medio año al menos, o más. Se rasca tanto en el pubis que se hace sangre, con la uña. Con dos años, la vi un día. Además, si se toca que se toque; la sexualidad es desde que se nace".

  • También se toca la nariz. "Se sacaba mocos hasta hacerse sangre. Primero la reñía. Ahora le digo, Te haces daño, y lo hace menos".

- **Antecedentes Personales**

  Ni físicos ni psicopatológicos detectados.

  No toma tratamiento alguno en la actualidad.

- **Antecedentes Familiares**

      TíoM: Distimia

      Prima hmna M: RM

Contextos significativos

- Familia
- Escuela
- Iguales: Compañeros
                y prima

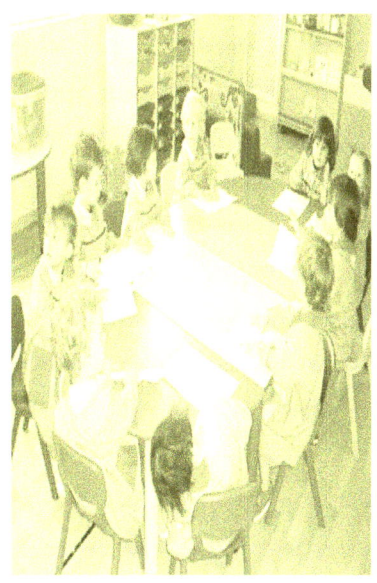

Escolarización
2 años en Guardería.
Cambio al colegio.
1º Infantil.
"El único problema es el comer".
En la actualidad, 3º Infantil.

Compañeros
       "Es la líder de todos. Se relaciona muy bien".

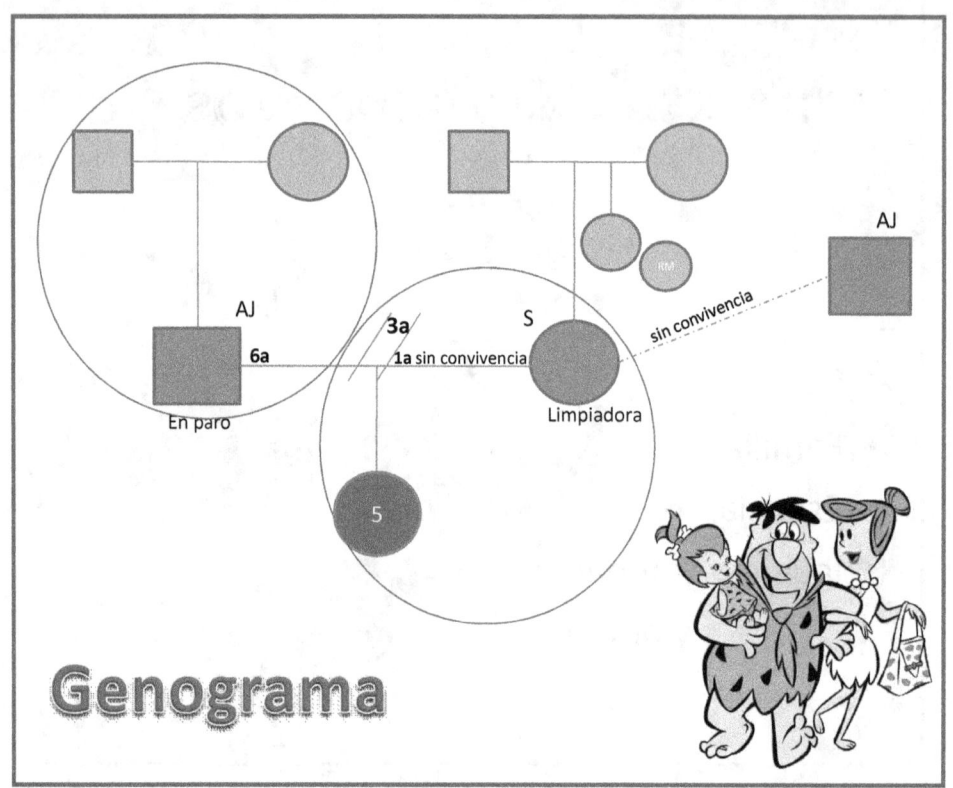

Genograma

- Discusiones a gritos entre los padres delante de la niña durante el último año de convivencia (4 años)
- Hace un año, P, que trabajaba en limpieza, queda en paro y se va de la casa, a vivir con sus padres.
- Ese verano: una semana con cada uno. La niña lo llevó bien. "No lo notó"
- En septiembre: Empieza a hablar por teléfono con pareja-M. Interés por ponerse al teléfono.
- Noviembre: Lo conoce personalmente. Igual nombre que el P
- Último verano: Una semana con cada uno. Inquieta, muy descentrada, pendiente de que se va. Se plantean que es poco, que ya no se le hace tan largo. "Ha cambiado de carácter". "Este año le ha afectado mucho. M: "A mí me ha preguntado que por qué me he separado, que si ya no quiero a su papá..."

    M y su pareja no se han ido de vacaciones.

200

Entrevista con M

- (P):"Es muy serio y muy callado".
- (Convivencia P-M): "Desde que nació la chica, no sé si le cogió celos, llevábamos 6 años juntos, fue de mal en peor y se acabó. Después, casi un año conviviendo y no se quería ir ni a las malas ni a las buenas".
- (Separación): "La separación fue fastidiosa. Lo pasamos mal, tanto la chica o yo. Y luego me enteré de que se había ido con otra".

  "Al separarse sí observó discusiones, gritos porque él no se quería ir".

  "Querría que estuvieran P y M, aunque sabe que no".
- (Relación actual P-M): "Ahora más o menos bien. No es que me entusiasme, siempre está con la pensión, por eso nos peleamos".

Entrevista con M

- (Régimen):

  Régimen: Lunes y Miércoles: 17-20,30 h; fines de semana quincenales; vacaciones y festivos, a 1/2.

  "Siempre le he dejado ver a la chica. La verdad es que la trata bien".
- (Relación P-PI actual):

  "Es tranquilo, consentidor".

  "Ella lo maneja como quiere, cómprame, llévame".

  "Dice que la llevaremos donde haga falta".
- (Relación M-PI actual):

  "Ella es la bebé de mamá". "Sobreprotección".

  (Pareja de M): "Se lleva muy bien. Dice que es su papá. Es muy chiquero".

201

Entrevista con P

- **Los incidentes**
  - "Lo llevo fatal". "Que la niña dijera estas cosas…". "He pasado unas semanas fatal".
  - "Muy triste. De algún lado sale". "Ahora creo que ha oído algo. Pero dice que es el P de su amiga". "Habrá sido en el cole, o a alguna niña, lo ha oído".
  - "No me cabe en la cabeza. Creo que lo ha oído. No se inventa. (lo habrá oído) en el cole".

- **Cole**
  - "La tutora dice que no ha escuchado nada. Ni ha visto nada. En ninguna".
  - "En el comedor. Le cuesta mucho comer. Es de cabeza. Si no le gusta, vomita. Estas últimas semanas, mejor, parece".

- **Verano**
  - No observó cambios, la vio más o menos igual. La M no le dijo nada. "A mí me lo comentó al empezar el curso".
  - Hicieron un cursillo de natación con su amiga y otros del cole. La amiga es inquieta, movida. El año pasado eran muy amigas.

Entrevista con P

- **Hábitos nerviosos**
  - El P confirma que la niña se queja de picor en sus partes y se rasca.
  - Sacarse mocos, sí. Hasta hacerse sangre? A lo mejor.

- **Autonomía**
  - Nunca la ayuda. No quiere. La ve madura y muy autónoma.
  - Una temporada la niña le pedía ayuda pero le decía que ella ya sabía limpiarse, lavarse…
  - Nunca se baña con ella.

- **Ansiedad de Separación**
  - "Posiblemente tiene más apego que antes. Si ve que la M se aleja, a lo mejor se pondría a llorar. Ha sido pegadiza siempre, pero…"

Sesiones de Juego

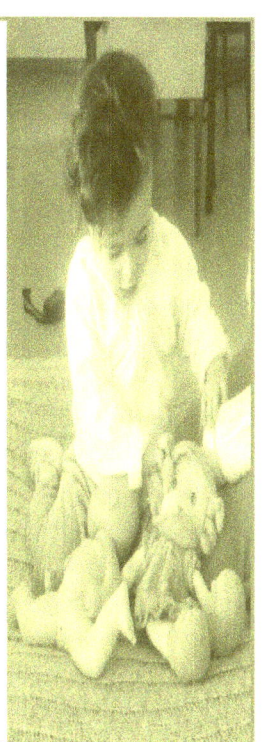

- **27/Noviembre**

  Juega con muñecos. Dice que juega a la **familia**, le cambia la ropa.

  "Vamos a jugar a papás. **Yo soy** el papá, bueno, no, mejor la mamá. La mamá le da besos al bebé y le cuida. Ahora cambio (coge al papá). Bueno, mejor no".

  - No haces ahora de papá?

  "Bueno, sí, **de papá malo**. El papá malo pega y caza. A mi, el papá me pega, flojito".

  No hay referencia a temáticas sexuales.

  Dice que le gusta más estar con la mamá.

Sesiones de Juego

- **3/Diciembre**

  Elige las marionetas de dedo y asigna papeles. "**Yo soy** la niña. No, la M". "La **M** es la fuerte, la más fuerte". Propone las interacciones: Jugar al **escondite**, **Besos** entre los tres. (La niña se va a jugar con sus amigos). Los papás se quedan jugando al escondite.

  Cambia la propuesta. "**Yo soy** la hija, la bebé". Quiere **ir con sus amigos**. Deja a los papás jugando. Vuelve y juega con ellos. Se **ríe** con satisfacción. **Finaliza**.

Sesiones de Juego

Elige como juguetes, muñecos que representan a papá, mamá y la hija. El juego es "Papás y mamás". En ambas sesiones empieza situándose como la mamá, en 2ª opción.

*Es capaz de generar y mantener un juego tanto de tipo **autónomo como cooperativo**, con un comportamiento adecuado.*

En el juego autónomo parece transmitir un mayor acercamiento hacia la figura materna y situar al padre como malo aún diferenciándolo de su padre real.

*En el juego cooperativo organiza el juego, toma la iniciativa y también acepta e integra propuestas sin desviarse de sus **centros de interés y preocupación**. Tiende a la repetición y a la imitación, adoptando cierto papel de observadora a la vez que participante. Pendiente de la figura materna, buscando un padre para tener un hermano.*

*Muestra un juego **simbólico fluido y espontáneo,** con expresividad y discriminación emocional. Se deja llevar por el juego con **disfrute**.*

***No** se observan actitudes ni comportamientos de inhibición, bloqueo o disrruptividad. Tampoco hiperactividad, ansiedad, tristeza, irritabilidad, etc, ni preocupaciones anómalas, a excepción de dependencia hacia la figura materna.*

Test de la Familia 27/Noviembre — Gráficos

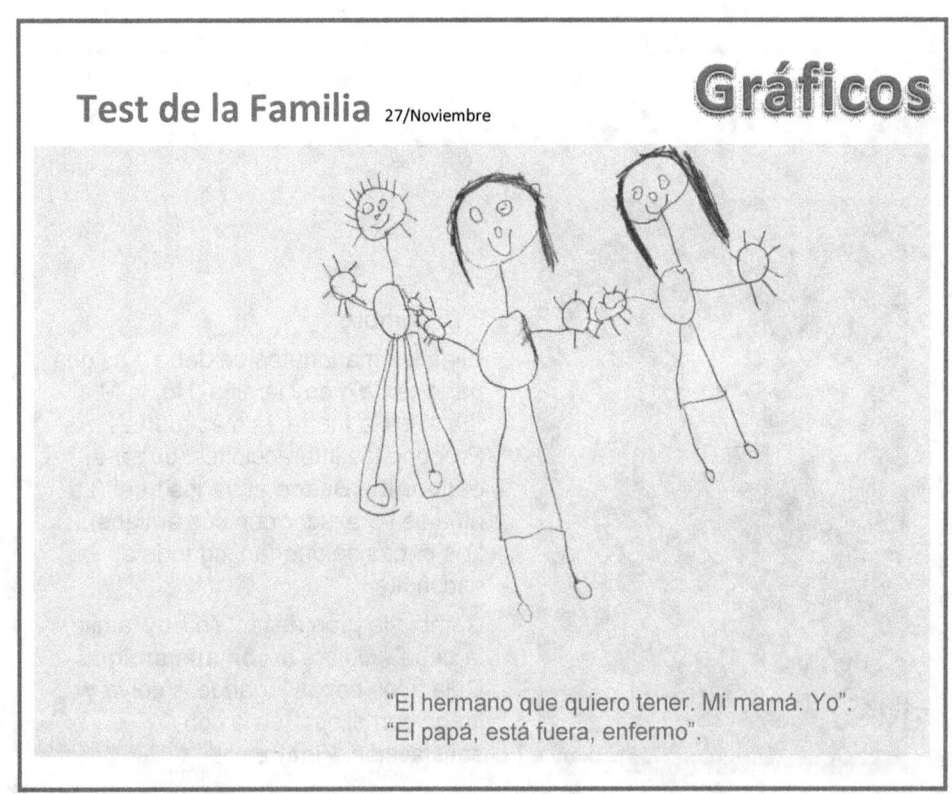

"El hermano que quiero tener. Mi mamá. Yo".
"El papá, está fuera, enfermo".

Test de la Familia 27/Noviembre

Gráficos

Decide dibujar al papá. "Es Antonio José" (pareja de M). "Es mi papá Antonio José. Duerme con mi mamá".
"Duermen. El hermano tiene la cuna en su habitación. Está malito, de la tripita.
Yo tengo como una hermana, mi hermana Victoria. Me ha roto ya dos carros. Está mala, no sé qué le pasa
pero por eso se porta mal. Es pesada. Quito los juguetes, no quiero que juegue.
No tengo más amigos. Me empujan, me siguen".
Se lleva el dibujo para su mamá. Nos deja fotocopiarlo.

Dibuja al "hermano que quiero tener. Mi mamá. Yo".
 "El papá (no dibujado) está fuera, enfermo". Decide dibujarlo. "Es JL" (pareja de M). "Es mi papá JL. Duerme con mi mamá".
"Duermen. El hermano tiene la cuna en su habitación. Está malito, de la tripita.
Yo tengo como una hermana, mi hermana Susana. Me ha roto ya dos carros.
Está mala, no sé qué le pasa pero por eso se porta mal. Es pesada. Quito los juguetes, no quiero que juegue".
"No tengo más amigos. Me empujan, me siguen".
Se lleva el dibujo para su mamá. Nos deja fotocopiarlo.

Dibujo Libre   3/Diciembre

"Es un sol. Está muy contento.
Había otros soles. Se han ido a otro país. Son mágicos. Se pegan.
Se ha ido para éste no le grite.
Se han caído. Éste se ha roto el ojo.
Los demás le ayudan. Se ha curado y se va".

"Es un sol. Está muy contento. Había otros soles. Se han ido a otro país. Son mágicos. Se pegan. Se ha ido para éste no le grite".

"Se han caído. Éste se ha roto el ojo. Los demás le ayudan. Se ha curado y se va".

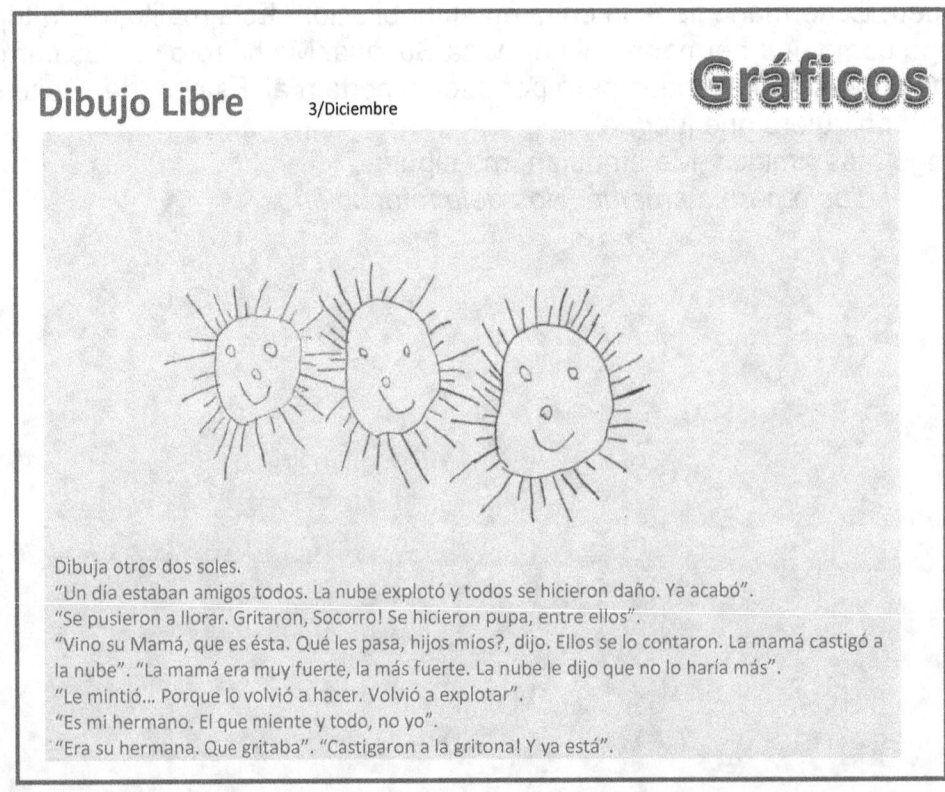

Dibujo Libre   3/Diciembre

Dibuja otros dos soles.
"Un día estaban amigos todos. La nube explotó y todos se hicieron daño. Ya acabó".

"Se pusieron a llorar. Gritaron, Socorro! Se hicieron pupa, entre ellos".

"Vino su Mamá, que es ésta. Qué les pasa, hijos míos?, dijo. Ellos se lo contaron. La mamá castigó a la nube". "La mamá era muy fuerte, la más fuerte. La nube le dijo que no lo haría más".

"Le mintió... Porque lo volvió a hacer. Volvió a explotar".

"Es mi hermano. El que miente y todo, no yo".

"Era su hermana. Que gritaba". "Castigaron a la gritona! Y ya está".

Dibuja otros dos soles.

"Un día estaban amigos todos. La nube explotó y todos se hicieron daño. Ya acabó".

"Se pusieron a llorar. Gritaron socorro. Se hicieron pupa (entre ellos)". "Vino su Mamá, que es ésta. Qué les pasa, hijos míos?, dijo. Ellos se lo contaron. La mamá castigó a la nube".

"La mamá era muy fuerte, la más fuerte. La nube le dijo que no lo haría más".

"Le mintió… Porque lo volvió a hacer. Volvió a explotar".

"Es mi hermano. El que miente y todo, no yo".

"Era su hermana. Que gritaba".

"Castigaron a la gritona! Y ya está".

Dibujo Libre   3/Diciembre   Gráficos

Escribe su nombre (borrado). Se lleva el dibujo para su mamá. Nos deja fotocopiarlo.

Escribe su nombre (borrado). Se lleva el dibujo para su mamá. Nos deja fotocopiarlo.

Entrevistas con la niña

- **Hoy** "con mi papá. Hoy él me lleva al cole y me va a buscar. Hoy duermo con papá. Hay una habitación para el yayo y la yaya. **Duermen** juntos. Yo con mi papá. Hay dos camas pero me paso porque tengo **miedo a lo oscuro**. Con mi mamá también me pasa. Tiene una lucecita. Y dos ositos, uno marrón y otro blanco".

  "Cuando era pequeña mis papás me llamaban **Malva**".

  "Es un color, sabes?"

- **Los incidentes**

  En ningún momento hace alusión a ellos.

  Ni da muestras de interés o preocupación en torno a la sexualidad. Sí respecto a la **reproducción** (duermen juntos), a tener **hermanos**, a la **expresiones afectivas** (darse besos) de forma **ajustada** a la etapa evolutiva y acorde con la elaboración de la separación de los padres (separación-reencuentro).

Entrevistas con la niña

- **Cole e iguales**
  - Habla del cole sin problema, de su profe...
  - Amigas: Pilar, Carla, **Lucía**.
  - Preponderancia de la figura de una amiga: Me habla de su pelo. "Me grita. Yo no le hago nada. Dice que soy muy mala. Porque no quiero jugar. Con los juguetes que dice. La profe la castiga, la deja en la clase".

- **Familia**
  - Ambivalencia hacia la figura materna. La "fuerte" / Rivalidad.
  - Contenta por irse con su papá.
  - Habla del miedo a la oscuridad con normalidad.
  - Aparece **confusión** entre las figuras "parentales" masculinas.

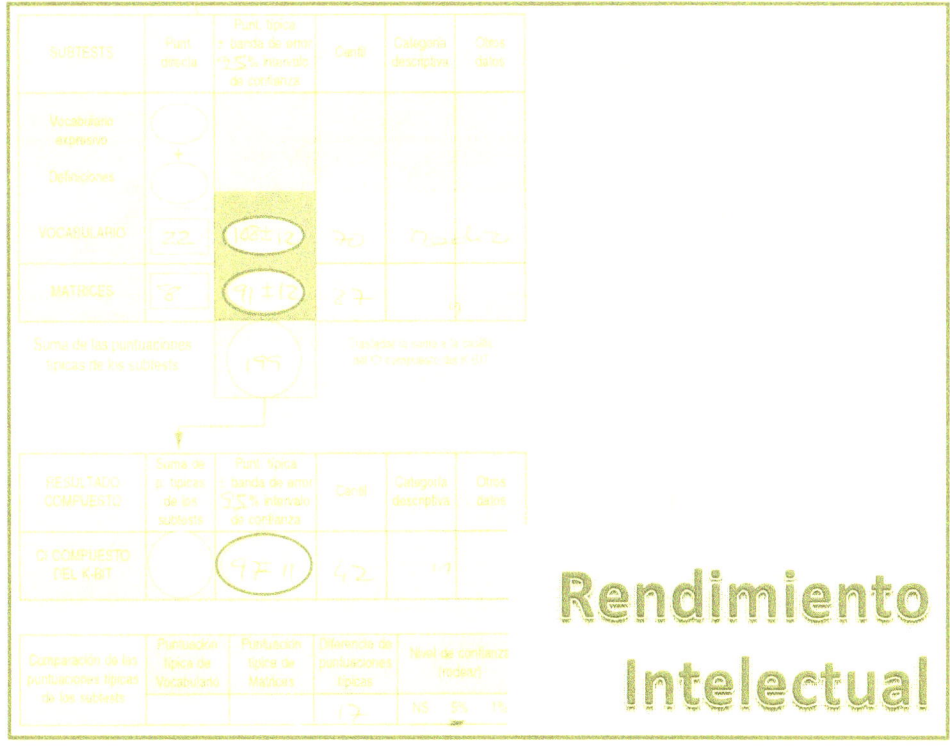

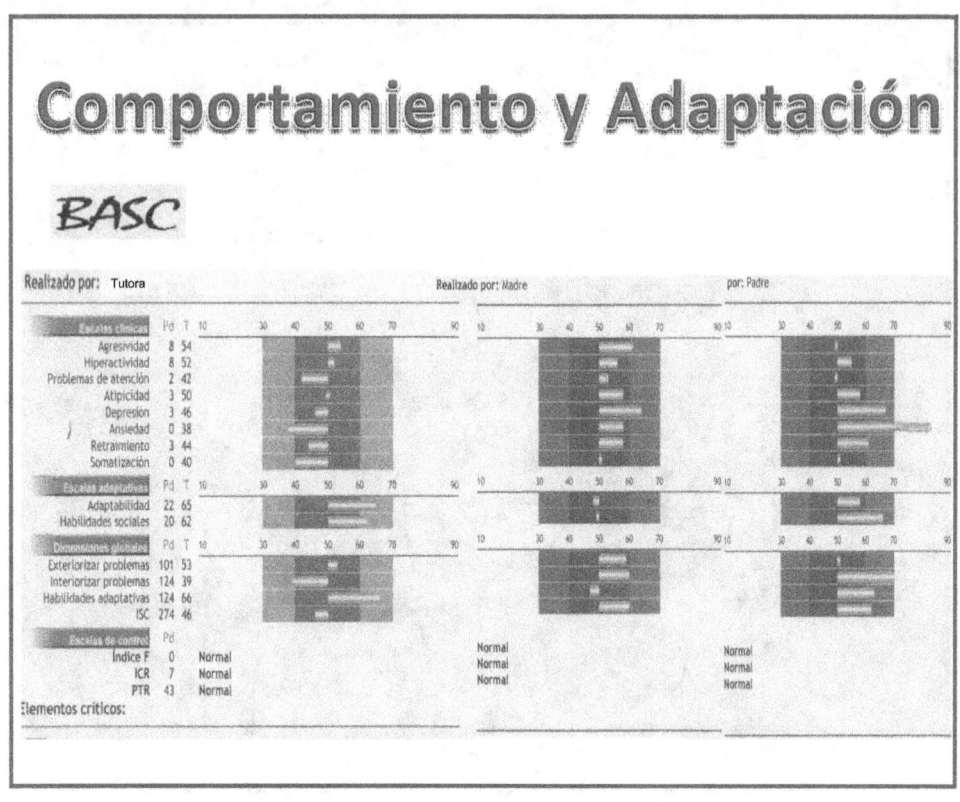

Recapitulando

Intervención Breve

- PE PQ-IJ
- PE PC-IJ
- Entrevistas con la madre
- Entrevistas con la menor
- Entrevista con el padre
- Sesiones de juego, individual y compartido
- Gráficos: Test de la Familia y Dibujo libre
- Exploración del rendimiento intelectual
- Exploración Comportamiento y Adaptación
- Coordinación. Informe de Urgencias
- Entrevista de devolución con ambos padres

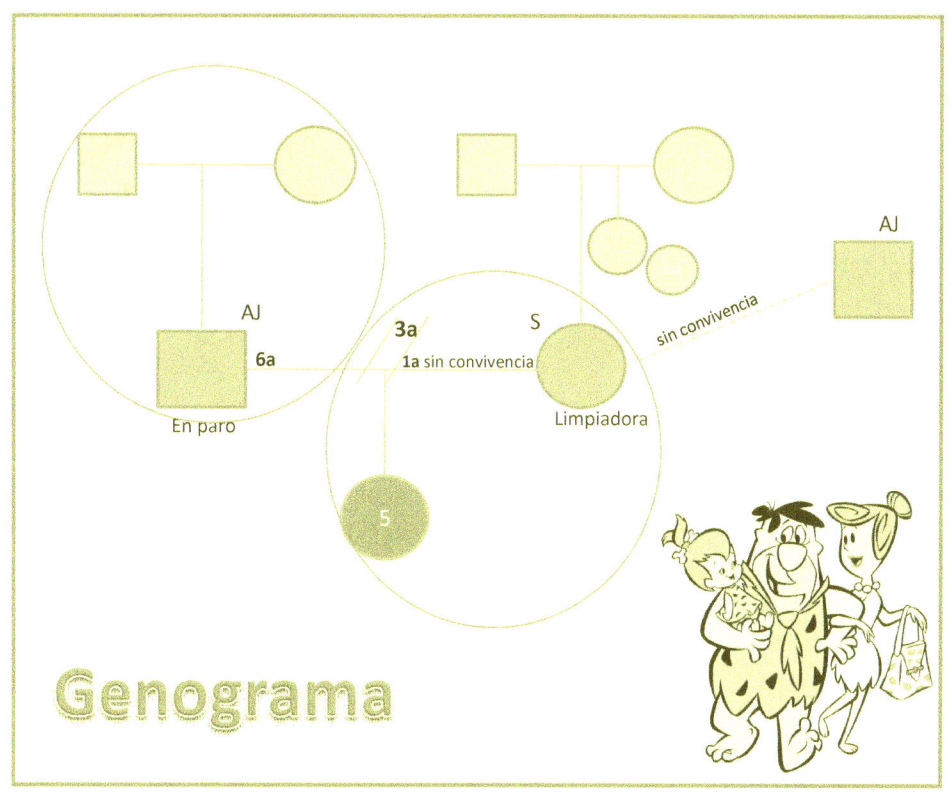

Genograma

Historiograma

- Hace 11: Ps inician **convivencia**

- Hace 6 años: **Embarazo** muy malo. Vómitos, pinchazos, riesgo de aborto desde los dos meses por caída.

- Hace 5 años: **Nace** la niña. Cesárea, 13 días de retraso. Líquido meconial. "Todo bien".
  . **Bebé:** Muy buena, tranquila. Biberón. Mala comedora siempre. Solo comía con la M, no quería con nadie más.
  . Inicio de **dificultades** de la pareja. "No sé si cogió celos. Yo muy encima de ella. Y sigo".

- **2 años:**
  - Hitos evolutivos: Controla pis y cacas. Chupete hasta los 2:2.
  - Empieza a ir a la guardería. Único problema, el comer.
  - Separación de los padres aunque mantienen convivencia.
  - Discusiones y gritos entre los padres en su presencia.

- **3 años**
  - Inicio escolar. 1º Infantil en colegio concertado.

- **4 años:**
  - P se va del domicilio. Inicio de régimen de visitas.
  - Vacaciones con el papá, sin la mamá. Con la mamá, sin el papá.
  - La M empieza una relación

- **5 años:**
  - Verano: Cursillo de natación (con amiga).
    Vacaciones según régimen.
  - Inicio curso: 3º Infantil. A la semana, 1º comentario.

Cronograma de consultas

- Cirugía Plástica. Hace 4 años.
  Malformación leve del lóbulo derecho
- Trauma. Septiembre. Pies valgos

- Consulta con TS/Enfermera del CS, Psicóloga amiga, Psicólogo de Asociación
- Urgencias
- Pediatra del Centro de Salud
- USMIJ
- (Tutora)

Exploración psicopatológica

- Aseada, de uniforme.
- Acepta separación sin dificultad. Se va con las profesionales sin titubeo y establece relación con espontaneidad, de forma abierta y acorde a la edad. Si se desorienta, llora (2 episodios). Sigue instrucciones, colabora y se implica en las propuestas.
- Consciente y orientada en tiempo, espacio y persona. No se observan dificultades atencionales, perceptivas, mnémicas o de razonamiento. Psicomotricidad y habla adecuadas. Estado de ánimo, expresividad emocional y tono afectivo ajustados. Rendimiento intelectual ajustado al promedio.
- Juego y dibujo, expresivos, espontáneos y placenteros.

- Apego excesivo a la M desde el nacimiento y cierta ansiedad de separación desde el verano (autonomización en hábitos de autocuidado temprana).
- Mala comedora desde bebé. Mejoría en este curso.
- Pesadillas ocasionales. 2 de sept a la actualidad.
- Hábitos nerviosos (sacar mocos, rascado de pubis)
- Miedos habituales en el rango de edad.
- Parece sugestionable y con dificultad todavía en la identificación de causas/causantes y consecuencias/responsables (pensamiento "mágico").
- No se objetivan cambios comportamentales recientes o significativos,
- ni conductas sexualizadas,
- ni refieren alteraciones comportamentales, agresividad o autolesiones ni en los ámbitos familiares ni escolar.
- No se constatan indicadores de ASI.

Indicadores de ASI

- **Físicos.** Dificultad para andar, sentarse. Quejas de dolor o picor en la zona genital y/o anal. Contusiones, fisuras, sangrado en genitales externos, zona vaginal o anal. Hematomas y/o erosiones leves en zonas genitales o sexuales, no accidentales. O en cara interna del muslo. Dolores abdominales, esfinterianos, etc que originan consultas médicas sin aclarar las causas. Desgarro del himen o ano. ETS. Inflamación en genitales, restos de semen, cuerpos extraños . Micción dolorosa o infecciones urinarias repetidas. Embarazo.

- **Psicológicos.**
  - Dice que ha sido objeto de ASI.
  - Conductas sexualizadas: Sexualización traumática (dibujos, juegos…). Conocimientos o conductas sexuales extraños, sofisticados o inusuales. Preguntas de índole sexual no frecuentes. Simulación de movimientos coitales o beso con lengua de manera reiterada. Masturbación en público. Induce a otros niños a realizar actos sexuales. Agresión sexual a niños más pequeños. Conductas seductoras hacia los adultos, intenta tocar sus genitales. Miedo inexplicable al embarazo o al SIDA.
  - Terrores nocturnos (miedos, fobias, pesadillas). Enuresis, encopresis. Somatizaciones. Depresión, llanto inmotivado. Ansiedad. Parece reservado, rechazante o con fantasías o conductas infantiles. Comportamiento sumiso, de inferioridad, subestimación. Baja autoestima. Miedo al examen físico. No quiere mostrarse desnuda o cambiarse. Rechazo de actividades deportivas, sociales o higiénicas.
  - Adolescentes. Promiscuidad. Conductas delictivas, agresivas o fugas. Consumo de drogas o alcohol. Dificultades de concentración, atención y memoria. Conductas autoagresivas. Tentativas de suicidio. TCA. Trastornos afectivos.

		DIAGNÓSTICO
I.- Síndromes Clínicos	XX	Sin trastorno
II.-T. Específicos del Dº	XX	Ausencia de Trastornos específicos del desarrollo
III.-Nivel Intelectual	XX	Nivel intelectual dentro del rango normal
IV.-Otros procesos	XX	No existe proceso orgánico significativo
V.-Situaciones Psicosociales	Z63.8	Separación de los padres, sobreprotección, comunicación inadecuada
VI.-Discapacidad Psicosocial	0	Funcionamiento social bueno

► Impresión Diagnóstica

En la actualidad, no se aprecia psicopatología ni indicadores de sospecha de ASI.

Cómo y por dónde seguimos?

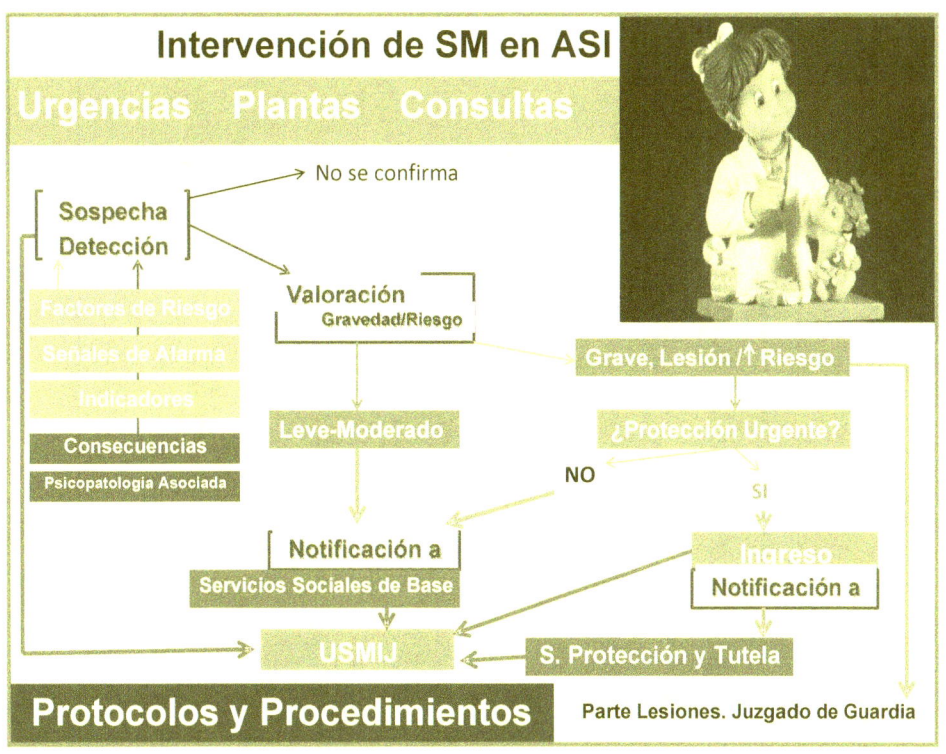

Intervención de SM en ASI

Urgencias   Plantas   Consultas

No se confirma

Sospecha
Detección

Factores de Riesgo
Señales de Alarma
Indicadores
Consecuencias
Psicopatología Asociada

Valoración
Gravedad/Riesgo

Grave, Lesión /↑ Riesgo

Leve-Moderado

¿Protección Urgente?

NO   SI

Notificación a
Servicios Sociales de Base

Ingreso
Notificación a

USMIJ   S. Protección y Tutela

Protocolos y Procedimientos   Parte Lesiones. Juzgado de Guardia

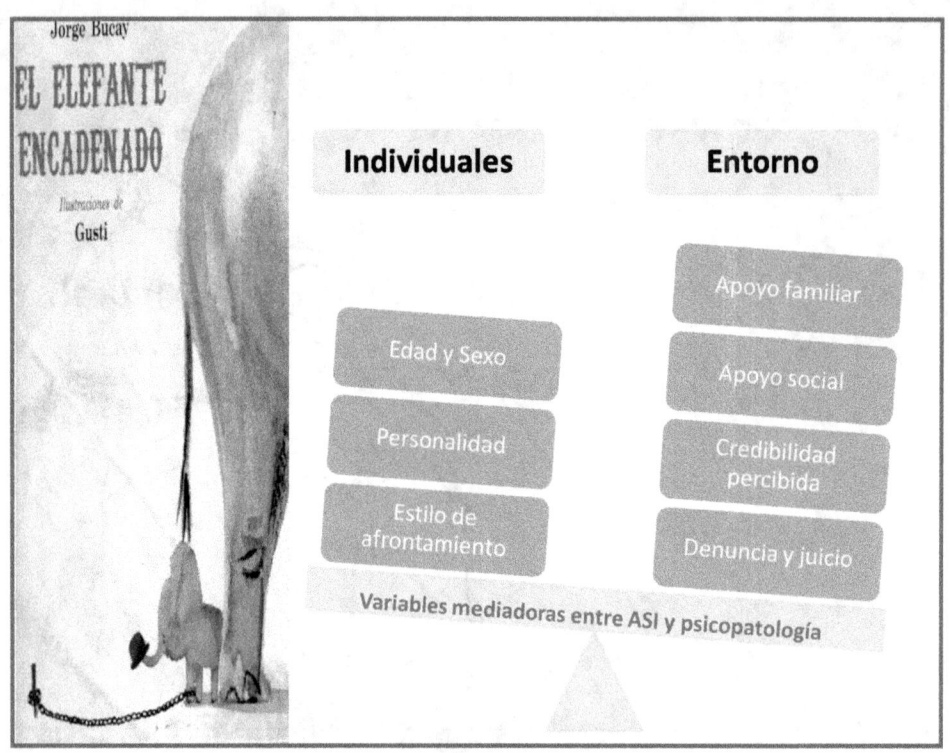

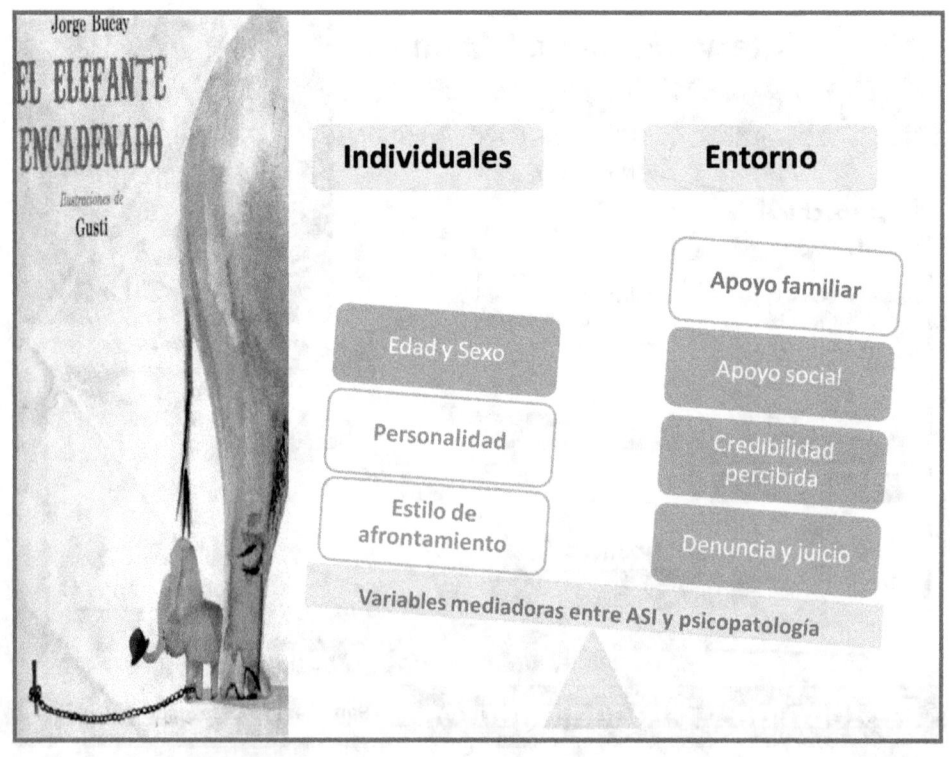

Entrevista con los Padres

Impacto/ Riesgos

Credibilidad de Atribuciones

Conclusión

Incertidumbre e Impacto

(las huellas)

 *Aceptación*

Entrevista con los Padres

Recuperar/se

Cada uno

Como padres

Con la niña

Cierre

Seguimiento

 Validación

ASI: Definición

• "Cualquier clase de contacto sexual de un adulto con un niño, donde el primero posee una posición de poder o autoridad sobre el/ niño.

• El niño puede ser utilizado para la realización de actos sexuales o como objeto de estimulación sexual".

Guía Completa para la Detección e Intervención en Situaciones de Maltrato Infantil desde el Sistema de Salud de Aragón. 2007

National Center on Child Abuse and Neglect, 1978

• Se produce abuso sexual "en los contactos e interacciones entre un niño o niña y un adulto, cuando el adulto (agresor) usa al niño o niña para estimularse sexualmente él mismo, al niño o niña o a otras personas.

• El abuso sexual puede también ser cometido por una persona menor de 18 años, cuando ésta es significativamente mayor que el niño o niña (víctima) o cuando está (el agresor) en una posición de poder o control sobre otro menor".

ASI: Criterios

– Coerción: Uso de
  • Fuerza física
  • Amenaza
  • Presión
  • Autoridad, o
  • Engaño
  →Criterio suficiente, independientemente de la edad del agresor.

– Asimetría de edad o Desigualdad madurativa
  Impide la decisión libre del menor e imposibilita que el acto pueda considerarse una actividad sexual compartida dadas las diferencias:
  • Grado de madurez biológica y psicológica,
  • Experiencia y
  • Expectativas

Finkelhor y Hotaling, 1984; López, 1994

ASI: Tipología

Conductas	Relación	Frecuencia

• **Con Contacto**
  • Caricias, masturbación, penetración oral, anal o vaginal
• **Sin Contacto**
  • Proposiciones verbales explícitas, exhibición intencional de órganos sexuales, masturbación o realización del acto sexual en presencia del menor, utilización del niño o niña para creación de material pornográfico
• **Sin presencia**
  • Uso de material pornográfico infantil
  • Exposición involuntaria a material sexual explícito en Internet u otros medios de comunicación.
  • "On-line sexual grooming".
  • Llamadas telefónicas obscenas ocasionales o recurrentes
• **Explotación sexual infantil**
  • Pornografía infantil
  • Prostitución infantil
  • Trata de menores
  • Explotación sexual comercial infantil en viajes
  • Matrimonios forzados
	• **Intrafamiliar**
	  • Pariente consanguíneo (padres, abuelos, hermanos, tíos, primos, otras figuras parentales)
	
	• **Extrafamiliar**
	  • Cualquier otra persona
		• **Agudo**
		  • Una única ocasión.
		
		• **Crónico**
		  • Más de una ocasión Pueden perdurar largos períodos.

ASI: Epidemiología

Incidencia

- Del 0,71% de menores de 18 años maltratados , un 2,4% habían sufrido abuso sexual (Sanmartín, 2002).

Prevalencia

- A nivel mundial se ha situado en un 7,4% de varones y un 19,2% en mujeres (Pereda y cols, 2009).

Intervención Psicológica Clínica en ASI

- **Detección**
- **Evaluación**
- **Diagnóstico**
- **Tratamiento**

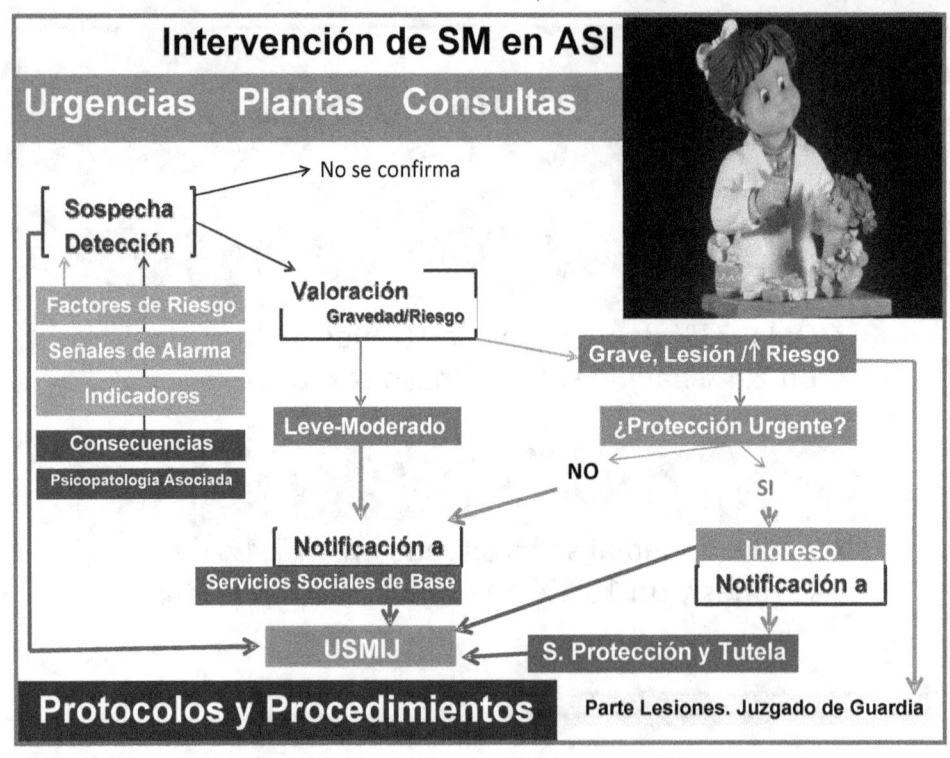

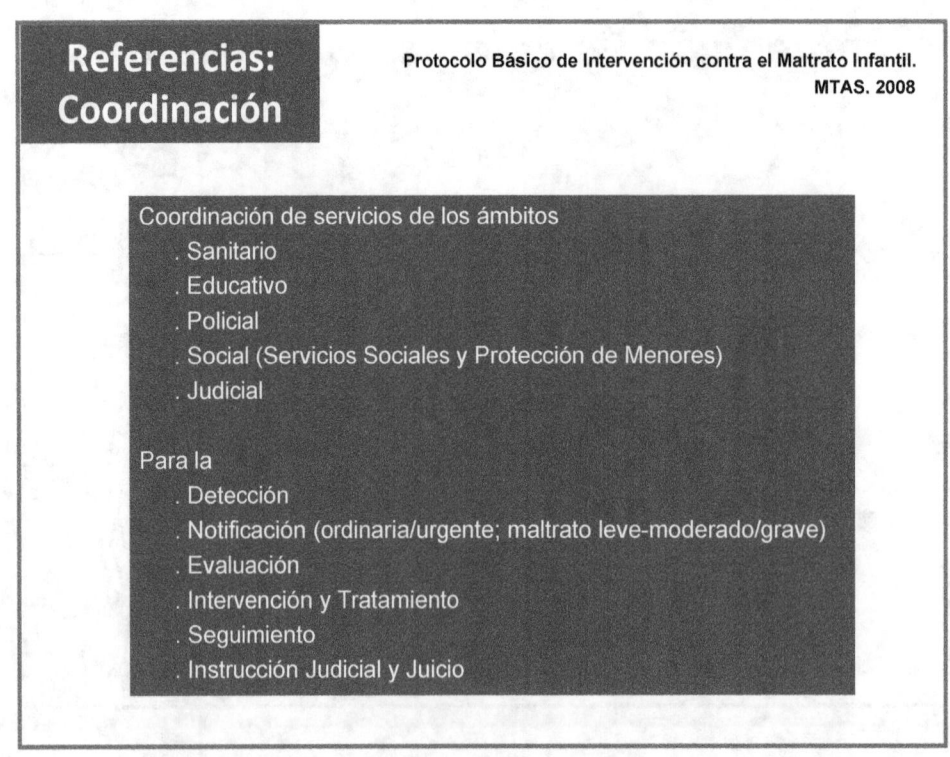

Referencias: Ámbito Social

Guía para Detectar, Notificar y Derivar situaciones de maltrato infantil en Aragón. 2001

Niveles de Protección

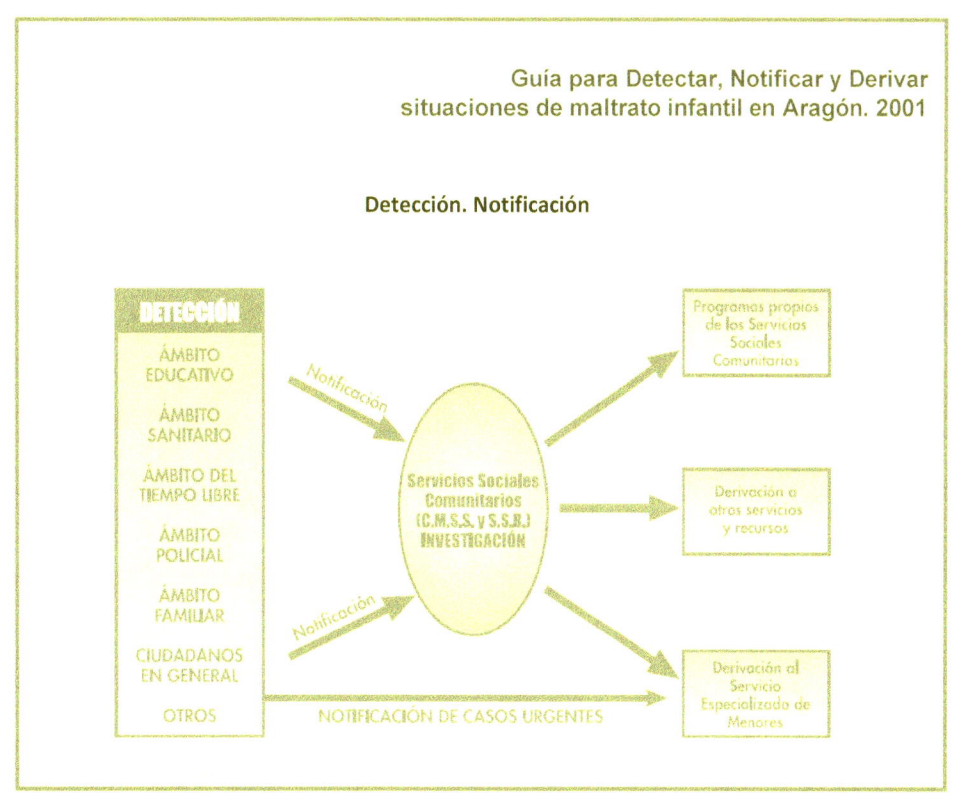

Guía para Detectar, Notificar y Derivar situaciones de maltrato infantil en Aragón. 2001

Detección. Notificación

El profesional sanitario debe tener en cuenta:

- La necesidad de registrar en la Historia Clínica del niño/adolescente toda la información que recoja relativa a una posible situación de maltrato, diferenciando la información recogida a través de exploraciones médicas al niño, de cualquier otra información recogida por otros medios.

- Asimismo es importante no perder la finalidad de los datos que se recojan y registren: disponer de antecedentes que ayuden al profesional en el diagnóstico, evitar el desconocimiento de la situación ante cambios de profesionales, dar continuidad a la información para poder ser más eficaz en el abordaje de una situación de maltrato infantil.

La información a recoger y registrar se articula entorno a:

1. Antecedentes sanitarios del niño/familia.
2. Situación sanitaria actual.
3. Situación sociofamiliar actual.
4. Actitud del niño y los padres en el proceso de valoración.
5. Interacción niño/adolescente con sus cuidadores.
6. Relación del niño con el entorno sanitario.

COMO HABLAR CON EL NIÑO

- Es imprescindible hablar con el niño/adolescente siempre que esto sea posible. No suplantar la opinión del niño por la de los padres o otros adultos del entorno.

- Intentar que la entrevista la realice aquel profesional sanitario con el que el niño tenga más contacto o vinculación.

- Sentarse cerca de él, no tras una mesa, pero respetando los límites que él mismo marque.

- Crear con ellos un ambiente de confianza, respeto y relajación, permitiendo que se expresen de la manera que les resulte más cómoda (pintando, jugando, hablando).

- Explicarle porqué y para qué queremos hablar con él de éste tema en un lenguaje cercano y accesible a su capacidad.

- Estar atento a sus gestos y miradas, ya que suelen ser una gran fuente de información.

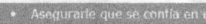

- Asegurarle que se confía en él.

- No se debe negar la posibilidad de que el hecho haya ocurrido, utilizando frases como "no puede ser", "¿Estás seguro?, ¿No te lo estarás inventando?".

- Tranquilizarle. Mostrarse positivo y transmitirle confianza en que las cosas irán bien.

- Mostrar empatía. Expresiones como "siento que esto te haya sucedido" pueden ser adecuadas.

- No pedirle que repita su historia frente a otros.

- Explicar al niño que no es el culpable del abuso, utilizando frases como "Tu no tienes la culpa de lo ocurrido". Manifestarle también que no debe sentirse culpable por "delatar" a sus padres.

- No se le deben sugerir posibles respuestas.

- No atosigarle ni presionarle. Si no quiere hablar, respetar su decisión. No pedirle insistentemente una información que no está dispuesto a dar.

- Dar respuestas a sus dudas o interrogantes.

CÓMO HABLAR CON LOS PADRES

- Presentarse de manera honesta y comunicando el motivo de la entrevista.

- A continuación, hablar de lo que se ha visto y sentido, del sufrimiento y perjuicio tanto para el niño como para los padres, y de la necesidad de ayuda y cambio.

- Mostrar interés por conocer cuál es su visión del problema. Escuchar sus explicaciones, sus quejas, sus preocupaciones, e intentar comprenderlas, sin quitar importancia a los hechos y a las consecuencias que puedan resultar.

- Mostrarse directo y profesional, a la vez que demostrar empatía.

- Trasmitirles que nosotros estamos "en el mismo barco", que al igual que ellos, nuestro interés es atender y proteger a los niños y que vamos a ayudarles en esta tarea.

- No tratar de probar la desprotección o el maltrato con acusaciones o enfrentándose a ellos, evitar culpabilizarlos.

- No hacer de la entrevista un interrogatorio; permitir a los padres admitir, explicar o negar las alegaciones, y dejarles proporcionar información que demuestre sus argumentos.

- No solicitar información sobre aspectos familiares que no están relacionados con la situación específica.

- Explicar las acciones que se van a llevar a cabo.

- Preparar a los padres para la finalización de la entrevista, disminuyendo progresivamente su intensidad y pasando de los temas más personales a cuestiones más impersonales.

- Se debe tratar de finalizar de la manera más positiva posible.

OTROS ASPECTOS IMPORTANTES

- No demostrar horror, enfado o desaprobación hacia los padres, el menor o la situación.

- Utilizar un lenguaje comprensivo. Cuidar la no utilización de palabras vagas o con una fuerte carga emocional, tales como maltrato o abandono.

- No formular preguntas cerradas, en las que la respuesta sea sí o no, sino permitirles expresar su opinión.

- Es importante respetar los espacios de silencio. Es normal que manifiesten dificultades y resistencias para hablar, y necesiten tiempo para ello. El profesional puede ayudarles mostrándose relajado y tranquilo durante los silencios.

- Mostrarse honesto, sin hacer promesas que no se puedan cumplir.

- Se deben tener en cuenta y respetar las diferencias culturales.

Las áreas o aspectos fundamentales a observar son:

  a) Comportamientos y actitudes del niño/adolescente.
  b) Interacción del niño/adolescente con su cuidador.
  c) Relación del niño/adolescente con el entorno sanitario.

Indicadores más habituales de maltrato infantil en el ámbito sanitario	
Indicadores del niño	**Indicadores de los padres**
• Cicatrices, heridas, quemaduras que aparecen repetidamente o que en la exploración observamos que están en distinta fase evolutiva. • Dolores recurrente a los que no se encuentra causa evidente (somatizaciones). • Ausencia de los cuidados médicos básicos. • Comentarios del niño sobre falta de cuidados, de alimentación, etc. • Niños que están sucios, con falta de higiene corporal, vestidos inadecuadamente en atención a la climatología. • Pudor inexplicable en la exploración física, sobre todo en la genital. Miedo irracional a la exploración. • Durante la exploración, demostración de conocimientos inapropiados para su edad o conducta sexual explícita. • Actitud excesivamente vigilante. • Excesiva facilidad para adaptarse a la hospitalización. Hospitalismo inverso: el niño, antes retraído y taciturno durante el ingreso cambia y se muestra cariñoso, alegre, y con aparición de juego expontáneo.	• Padres que imposibilitan el conocimiento de la vida familiar. • Los datos que aportan a la anamnesis son confusos, vagos o se contradicen. • Que ocultan traumatismos previos y que luego se constatan a través de rayos X. • Impedimentos por parte de los padres para desvestir o examinar al niño.. • Que no cumplen los tratamientos prescritos al niño. El seguimiento de las patologías tanto agudas como crónicas es inadecuado. • No acuden a las citas médicas. • Cuando el menor es hospitalizado se le abandona en el centro sin causa justificada, las visitas al menor son infrecuentes y cortas. • En el momento del alta no aparecen los padres. • En ocasiones se insiste en el ingreso del niño sin motivo médico. • Presencia repetida del niño y su familia en el centro de salud u hospital, aparentemente sin justificación. • Consultas sin motivos. • Incapacidad o negativa a aportar informes de ingresos previos. • Cambios de médico frecuentes. • Retraso en acudir a los servicios sanitarios.

Guía para Detectar, Notificar y Derivar situaciones de maltrato infantil en Aragón. 2001

Estrategias de evaluación psicológica del ASI

- Comunes a los contextos clínicos y forenses
  - Entrevista
    - Con el menor
    - Con padres
  - Técnicas Proyectivas
    - Juego
    - Gráficos
    - Narraciones

- Propiamente Clínicas
  - Historia Clínica (Entrevista Clínica: MC, Anamnesis, Exp Psicop, Imp Dg, Trat, Evol...)
  - Genograma, Historiograma...

- Propiamente forenses
  - Evaluación del contenido de la declaración
  - Comprobación de la validez

Evaluación del Maltrato IJ

- **FACTORES DE RIESGO**

  Los factores de riesgo hacen referencia a la presencia o ausencia de determinadas condiciones en la vida del menor o su entorno, que aumentan la posibilidad de que aparezcan conductas o situaciones de maltrato. Los factores de riesgo por sí solos **NUNCA PRUEBAN** la existencia de malos tratos, **sólo PREDICEN** la probabilidad de que aparezcan.

- **SEÑALES DE ALARMA**

  Las señales de alerta son **signos o síntomas de disfuncionalidad o anomalía en el desarrollo** físico y/o psíquico del niño, que no corresponden con el momento evolutivo del mismo y que no responden a causas orgánicas. Indican que algo sucede y que el niño está somatizando su afección. Obviamente, estos síntomas no dicen nada por sí mismos si se presentan de manera aislada y de forma puntual. Pasan a ser señales de alerta **cuando:**

  - **Van asociados (existe más de un síntoma) y/o**
  - **Son persistentes.**

- **INDICADORES**

  Son **signos objetivos que se asocian** a una manifestación concreta del Maltrato Infantil. "Cada manifestación de maltrato infantil tiene asociado un conjunto de indicadores que lo definen".

Factores de Riesgo	Señales de Alarma	Indicadores de ASI

• EN EL NIÑO
• Nacimiento prematuro.
• Déficit físico y/o psíquico.
• Problemas médicos crónicos o retrasos en el desarrollo.
• Hijo no deseado.
• Problemas de conducta (agresividad, tendencia al aislamiento, etc.).
• FAMILIARES Y AMBIENTALES
• Padres víctimas de maltrato en su infancia.
• Falta de habilidades para la crianza de niño.
• Trastornos emocionales, mentales o físicos que les impide reconocer y responder adecuadamente a las necesidades del niño.
• Estilo de disciplina excesivamente laxo o punitivo.
• Abuso o dependencia (drogas, alcohol, juego...).
• Historia de conducta violenta, antisocial o delictiva
• Múltiples problemas en la convivencia de la pareja.
• Inexistencia de condiciones básicas de habitabilidad del hogar.
• Falta de apoyo social.
• Valores y actitudes negativas hacia la mujer, la infancia y la paternidad.
• Ausencia prolongada de los progenitores.
• Familias desestructuradas.
	• LACTANTE Y PREESCOLAR
	• **Trastorno de la alimentación.**
	• **Trastorno del sueño.**
	• Trastorno de conducta.
	• **Miedo y fobias leves.**
	• Anomalías en el juego.
	• Retraso del desarrollo psicomotor.
	• EN EDAD ESCOLAR
	• Dificultades escolares.
	• Trastornos de la comunicación y la relación.
	• Trastornos de la conducta.
	• Trastornos por ansiedad.
	• Trastornos del estado de ánimo.
	• Manifestaciones somáticas.
	• Trastornos del comportamiento alimentario.
	• Abuso de sustancias tóxicas en adolescentes.
	• Trastornos psicóticos.
		• **Físicos**
		
		• **Comportamentales**
		  • Conductas sexualizadas
		  • Inespecíficos
		
		• **Adolescentes**

- **Físicos.** Dificultad para andar, sentarse. Quejas de dolor o picor en la zona genital y/o anal. Contusiones, fisuras, sangrado en genitales externos, zona vaginal o anal. Hematomas y/o erosiones leves en zonas genitales o sexuales, no accidentales. O en cara interna del muslo. Dolores abdominales, esfinterianos, etc que originan consultas médicas sin aclarar las causas. Desgarro del himen o ano. ETS. Inflamación en genitales, restos de semen, cuerpos extraños . Micción dolorosa o infecciones urinarias repetidas. Embarazo.

- **Comportamentales.**
  - Dice que ha sido objeto de ASI.
  - Conductas sexualizadas: Sexualización traumática (dibujos, juegos…). Conocimientos o conductas sexuales extraños, sofisticados o inusuales. Preguntas de índole sexual no frecuentes. Simulación de movimientos coitales o beso con lengua de manera reiterada. Masturbación en público. Induce a otros niños a realizar actos sexuales. Agresión sexual a niños más pequeños. Conductas seductoras hacia los adultos, intenta tocar sus genitales. Miedo inexplicable al embarazo o al SIDA.
  - Terrores nocturnos (miedos, fobias, pesadillas). Enuresis, encopresis. Somatizaciones. Depresión, llanto inmotivado. Ansiedad. Parece reservado, rechazante o con fantasías o conductas infantiles. Comportamiento sumiso, de inferioridad, subestimación. Baja autoestima. Miedo al examen físico. No quiere mostrarse desnuda o cambiarse. Rechazo de actividades deportivas, sociales o higiénicas.
  - Adolescentes. Promiscuidad. Conductas delictivas, agresivas o fugas. Consumo de drogas o alcohol. Dificultades de concentración, atención y memoria. Conductas autoagresivas. Tentativas de suicidio. TCA. Trastornos afectivos.

Guía Clínica de Indicadores de Maltrato Infantil. Fisterra

"Guía Clínica. Atención de Niños, Niñas y Adolescentes Menores de 15 años, Víctimas de Abuso Sexual". Unicef y Mº de Salud de Chile. 2011

Referencias: Ámbito Sanitario

- Definición, Epidemiología y descripción de
  - Factores de Riesgo
  - Indicadores

- Consecuencias
  - A Corto y
  - Largo Plazo

- Prevención

- Alcance y Objetivos de la Guía.

- Preguntas Clínicas/Recomendaciones
  - Detección: Sospecha y Reconocimiento
  - Evaluación Clínica
  - Primera Respuesta Sanitaria:
    Protección, Contención, Denuncia
  - Tratamiento Psicológico
  - Seguimiento

- Anexos

228

"Guía Completa para la Detección e Intervención en Situaciones de
Maltrato Infantil desde el Sistema de Salud de Aragón". 2007

Referencias: Ámbito Sanitario

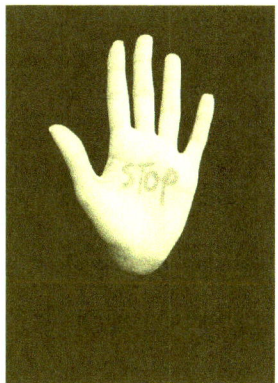

- Definición y descripción de
  - Factores de Riesgo
  - Señales de Alarma
  - Tipología
  - Indicadores

- Prevención,
- Detección y
- Actuación (qué hacer y cómo) desde
  - AP
  - AH
    - Urgencias
    - Planta
    - Consultas

- Técnicas
  - La entrevista
  - La observación
  - La visita domiciliaria
  - La información
  - Notificación

- Árboles de decisión

Cómo hablar con
El menor
Los padres

Una entrevista en profundidad
es cosa de un especialista.

"Guía Completa para la Detección e Intervención en Situaciones de
Maltrato Infantil desde el Sistema de Salud de Aragón". 2007

Individuales

Entorno

Edad y Sexo

Personalidad

Estilo de afrontamiento

Apoyo familiar

Apoyo social

Credibilidad percibida

Denuncia y juicio

Variables mediadoras entre ASI y psicopatología

Consecuencias psicológicas del ASI

- Pueden afectar a todas las áreas de la vida de la víctima (afectividad, cognición, relación, conducta, rendimiento…)

- No ha podido definirse un "Síndrome del ASI".
  - No existe un patrón único de síntomas
  - Variedad extensa de los síntomas
  - Víctimas asintomáticas (20-30%) que pueden presentar dificultades con posterioridad (efectos latentes)

Consecuencias psicológicas INICIALES

o Indicadores Psicológicos de ASI:

Efectos en los dos años posteriores, ya sea que perduren, se minimicen o desaparezcan después.

Consecuencias psicológicas A LARGO PLAZO: Crónicas (Primarias y Secundarias) / Efectos Latentes

Efectos que se producen o se mantienen a partir de dos años después de la experiencia de ASI.

Consecuencias psicológicas del ASI

- El ASI crónico → Mayor influencia en el desarrollo de psicopatología en la víctima.

- Secuelas (físicas y psicológicas) a corto y largo plazo, en un 50-65% cuando se produce por un familiar o conocido cercano.

- Agresión parental implica mayor riesgo de problemas psicológicos posteriores (Faust y cols, 1995)

Consecuencias psicológicas Iniciales

- Tipo Internalizante (50%).
- Ansiedad y depresión (4-44% varones; 9-41% mujeres).
- Baja autoestima, sentimientos de culpa y estigmatización (4-41%).
- Ideación o conducta suicida (50% varones; 37,4 mujeres).
- Conformidad compulsiva, descrita por Crittenden y DiLaila (1988) dirigida a evitar el enfrentamiento y la hostilidad del agresor y mantener una relación aparentemente agradable.
- Las conductas erotizadas, indicador de marcada fiabilidad en la detección (15 veces más probable en víctimas que en no víctimas) pueden relacionarse con actitudes familiares respecto a la sexualidad o con experiencias violentas (testigo de violencia familiar, maltrato físico...).
- Conductas disruptivas, disociales, especialmente los varones.

Consecuencias psicológicas a Largo Plazo

- Mucho menos frecuentes (20%).
- Sin embargo la experiencia de ASI es un factor de riesgo para el desarrollo de una amplia diversidad de TM en la edad adulta. La mayoría de estudios establecen una relación directa con el desarrollo de problemas psicológicos y TM.
- **Efectos Latentes.**
  No presenta problemas en la infancia y sin embargo aparecen en la adolescencia o en la etapa adulta.
    - Dificultades en la crianza de los hijos. Estilo más permisivo, depreciación del rol maternal y castigo físico.
    - Revictimización. Entre un 16-72% tienen otras experiencias de maltrato por otros agresores.
    - Problemas sexuales. Sexualidad desadaptativa, insatisfacción, disfunción, promiscuidad, conductas de riesgo, inicio precoz
    - Transmisión intergeneracional, de padres a hijos (20-30%, resultados no concluyentes)

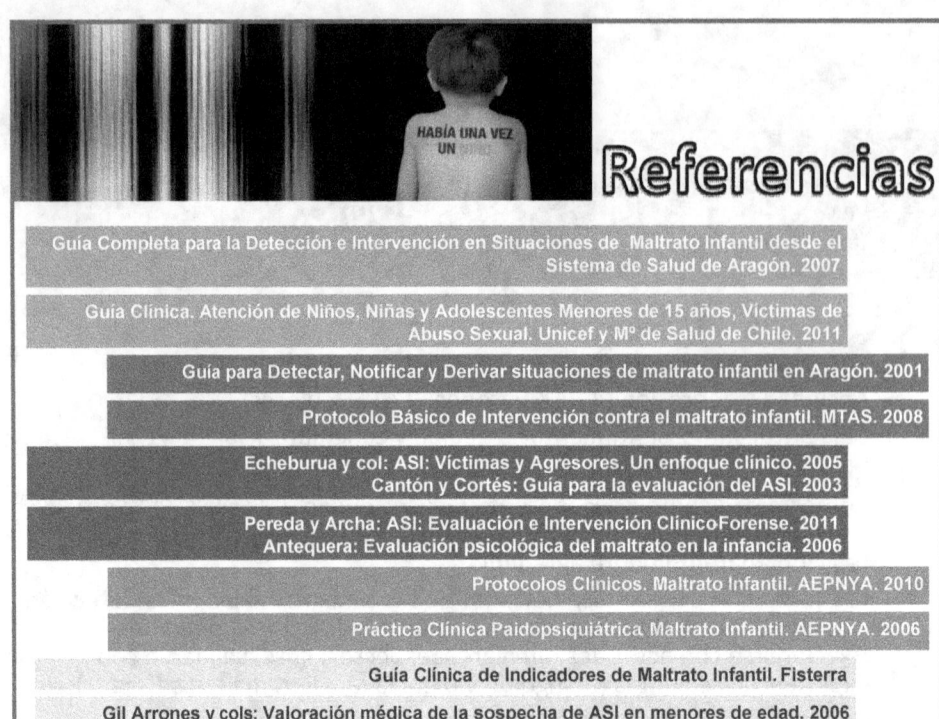

Referencias

Guía Completa para la Detección e Intervención en Situaciones de Maltrato Infantil desde el Sistema de Salud de Aragón. 2007

Guía Clínica. Atención de Niños, Niñas y Adolescentes Menores de 15 años, Víctimas de Abuso Sexual. Unicef y Mº de Salud de Chile. 2011

Guía para Detectar, Notificar y Derivar situaciones de maltrato infantil en Aragón. 2001

Protocolo Básico de Intervención contra el maltrato infantil. MTAS. 2008

Echeburua y col: ASI: Víctimas y Agresores. Un enfoque clínico. 2005
Cantón y Cortés: Guía para la evaluación del ASI. 2003

Pereda y Archa: ASI: Evaluación e Intervención ClinicoForense. 2011
Antequera: Evaluación psicológica del maltrato en la infancia. 2006

Protocolos Clínicos. Maltrato Infantil. AEPNYA. 2010

Práctica Clínica Paidopsiquiátrica Maltrato Infantil. AEPNYA. 2006

Guía Clínica de Indicadores de Maltrato Infantil. Fisterra

Gil Arrones y cols: Valoración médica de la sospecha de ASI en menores de edad. 2006

www.ingramcontent.com/pod-product-compliance
Lightning Source LLC
Chambersburg PA
CBHW081055170526
45166CB00006B/2073